EINSTEIN SE DERDE FOUT

BEGINSEL VAN EKWIVALENSIE

EV GENIUS

Copyright © 2024 EV GENIUS

All rights reserved

The characters and events portrayed in this book are fictitious. Any similarity to real persons, living or dead, is coincidental and not intended by the author.

No part of this book may be reproduced, or stored in a retrieval system, or transmitted in any form or by any means, electronic, mechanical, photocopying, recording, or otherwise, without express written permission of the publisher.

CONTENTS

Title Page

Copyright

1. Inleiding.	1
2. Definisie area.	3
3. Beginsel van ekwivalensie.	5
4. Newton se eerste wet.	15
5 . Newton se tweede wet.	24
6. Newton se derde wet.	34
7. Newton se gravitasiewet.	46
8. Relatiewe beweging teen konstante snelheid.	49
9. Absolute beweging met konstante versnelling.	53
10. Toeskrywing van tipes bewegings.	58
11. Sensasie van die werking van krag.	82
12. Krag. Toepassingspunt van aksie.	89
13. Tipes kragte. Manifestasie van mag. Veroorsaak effek.	90
14. Beginsel van eenvormigheid.	96
15. Grafiese voorstelling	99
16. Toestand van relatiewe rus	104
17. Driedimensionele werklikheid. Eendimensionele werklikheid.	110
18. Poging. Versnelling.	125

19. Inspanningsveld. Algemene fundamentele wese van die   131
Een Oneindige Realiteit.

20. Newton, swaartekrag en inspanningsveld .   142

21 TYD   144

1. INLEIDING.

Hierdie boek is geskryf vir lesers wat nie 'n spesiale opleiding in Fisika het nie.

Daar is baie figure wat die probleme van moderne fisika wys en verduidelik. Daar is geen ingewikkelde wiskundige formules nie. Daar word getoon dat baie van die probleme van moderne fisika veroorsaak word deur die Relatiwiteitsteorie, wat deur Einstein geskep is.

Einstein het opgemerk dat wanneer 'n liggaam met versnelling in 'n gravitasieveld beweeg, sy versnellende beweging identies is aan eenvormige reglynige beweging, en dat swaar massa altyd gelyk is aan traagheidsmassa.

Einstein het hierdie twee feite gebruik, en dan kan beweging met versnelling gelyk gestel word aan eenvormige reglynige beweging. Dit beteken dat die twee tipes beweging ekwivalent is, en Einstein het dit gedefinieer as *die Beginsel van Ekwivalensie*.

Einstein het versnellende beweging gelykgestel aan eenvormige reglynige beweging, en sodoende die Algemene Relatiwiteitsteorie geskep.

Die teenoorgestelde moet gedoen word. Eenvormige reglynige beweging moet gelykgestel word aan versnellende beweging. Dan is eenvormige reglynige beweging gelykstaande aan beweging met versnelling. Dan is eenvormige reglynige beweging 'n spesiale geval van beweging met versnelling.

Einstein het die beginsel van ekwivalensie gedefinieer en die algemene relatiwiteitsteorie geskep. Die beginsel van ekwivalensie is verkeerd gedefinieer. Dit skep groot probleme vir die Relatiwiteitsteorie, en 'n krisis in moderne fisika.

Om Algemene Relatiwiteit te skep, moet die Beginsel van

Gelykheid gebruik word.

Dit volg uit die beginsel van gelykheid dat:

Die krag van gravitasie-aantrekkingskrag soos deur Newton gedefinieer is **nie** 'n sentrale krag nie. Newton se gravitasie-aantrekkingskrag is 'n dwarswerkende krag.

Newton se gravitasiewet is slegs waar binne die grense van die sonnestelsel.

Dan bestaan Donker Energie en Donker Materie nie.

Daar is 'n oneindige aantal verskillende **"swaartekragwette"**, en hierdie wette word gerealiseer in **'n veld van poging**.

Die veld van inspanning is die draer van die hoër afgeleides van afstand en tyd.

Die handeling *MUTUALISACTION* vind plaas in **die veld van poging**.

Vertaling van Slawies - Bulgaars Cyrillies, na Engels:

ВЗАИМНОДЕЙСТВИЕ = MUTUALISACTION

2. DEFINISIE AREA.

'n Ontleding van die basiese wette van Fisika sal uitgevoer word. Om die analise korrek uit te voer, is dit nodig om 'n geskikte definisie area te skep. Die definisiedomein bestaan uit vier aksiomatiese beginsels en een filosofiese kategorie.

Beginsels:

1- Realiteit **bestaan**.

2- Die werklikheid is **reflektief**.

3- Die werklikheid is **oneindig**.

4- Die werklikheid is enkel, uniek.

Filosofiese kategorie:

Die konsep van **die Een Oneindige Realiteit** is 'n filosofiese kategorie.

Verduidelikings:

- Die konsep van **Een Oneindige Realiteit** is 'n filosofiese kategorie wat dien om die eenheid van bewussyn en materie aan te dui.

-**Bestaan** is 'n onafhanklike kategorie van wetenskapsfilosofie. Nie-filosowe is gewoonlik antagonisties teen die kategorie van bestaan teenoor die kategorie van nie-bestaan. Daar word gewoonlik geantwoord dat wat nie bestaan nie, niks genoem word nie. Die volgende stap is om die kategorieë **niks** en **iets te ontleed**. Die ontleding van hierdie twee kategorieë is uiters moeilik, en die gevolgtrekkings is verkeerd.

In die hipotese wat ek aanbied, is **bestaan** nie gekant teen nie-bestaan nie. Bestaan is 'n addisionele kategorie tot die **refleksiekategorie**.

Bestaan en **Refleksie** is 'n paar kategorieë.

In die hipotese wat ek aanbied, is bestaan en refleksie by die pare kategorieë van Hegel se Dialektiek gevoeg.

Sien Hegel, Phenomenology of Spirit.

Sien Todor Pavlov, "Theory of Reflection".

- Die kategorie **Oneindigheid** dien om die oneindige hoeveelheid bestaande kwaliteite aan te dui.

- Die kategorie **Enkel** dien om die uniekheid van **die universele aan te dui**.

Die kategorie **Enkellopend** is teenwoordig in die sisteem van Hegel se Dialektiese Logika.

Die kategorie **Enkelvoud** is deel van Hegel se drie kategorieë: **enkelvoud**, **spesiaal**, **algemeen**. Sien Hegel, Phenomenology of Spirit.

3. BEGINSEL VAN EKWIVALENSIE.

Die beginsel van ekwivalensie is deur Albert Einstein gedefinieer. Einstein het die Ekwivalensiebeginsel gebruik om die Algemene Relatiwiteitsteorie te skep. Die beginsel van ekwivalensie bepaal dat:

-die swaar en inerte massa van enige fisiese liggaam is gelyk en dat:

- die beweging van 'n liggaam met versnelling in 'n gravitasieveld is gelykstaande aan eenvormige reglynige beweging .

Hierdie is twee belangrike feite wat in die grondslae van die Algemene Relatiwiteitsteorie geplaas word. Ek sal syfers gebruik om hierdie twee feite te verduidelik. Ek begin deur die gelykheid van swaar en traagheidsmassa te verduidelik.

Sien Figuur 1.

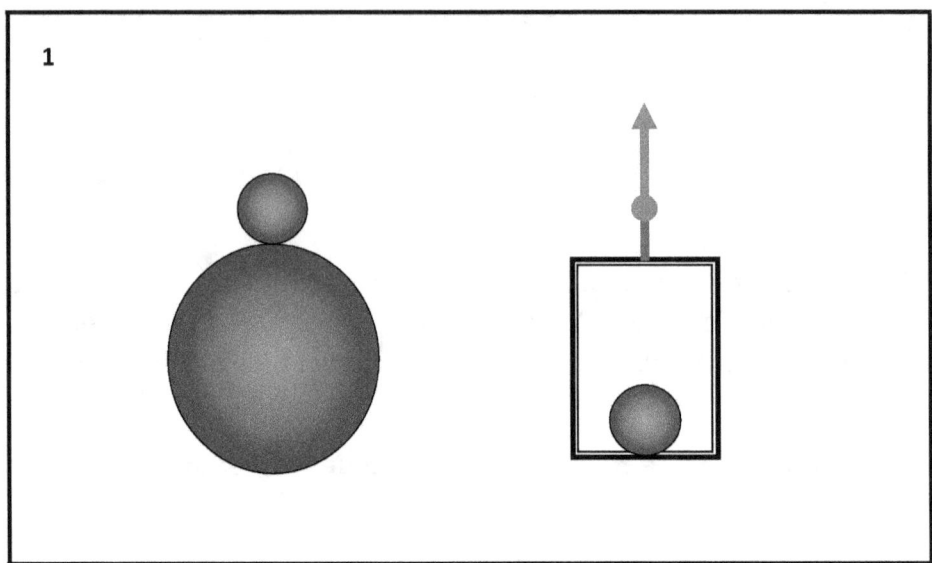

In die linkerdeel van figuur 1 word twee sfere, klein en groot, getoon. Die klein bol word bo-op die groot bol geplaas. In die regterkant van figuur een word 'n hysbak getoon, en weereens dieselfde klein bol wat onder in die hysbak geplaas is.

Die hysbak en die klein sfeer is in die buitenste ruimte geleë, waar geen gravitasiekragte inwerk nie.

Die groot sfeer is die planeet Aarde. Die klein sfeer is 'n toetsliggaam wat op die oppervlak van die planeet Aarde geleë is. Die klein sfeer het 'n mate van gewig wat **swaar massa** genoem word . Die klein bol wat op die oppervlak van die planeet Aarde is, is presies dieselfde as die klein bol wat aan die onderkant van die hysbak geplaas is. Die hysbak is aan 'n bruin tou vasgemaak. Aan die einde van die bruin tou is daar 'n rooi krag wat die hysbak in die rigting trek wat aangetoon word. Die krag wat op die punt van die tou toegepas word, is so groot dat die hysbak beweeg met 'n versnelling gelykstaande aan nege hele en agt tiendes meter per sekonde kwadraat. Wanneer die hysbak in die rigting beweeg met 'n versnelling gelykstaande aan nege hele agt tiendes van 'n meter per sekonde kwadraat, sal die klein sfeertjie aan die onderkant van die hysbak gewig hê. Hierdie gewig word **traagheidsmassa** genoem.

Die swaar massa van die klein sfeer wat op die oppervlak van die planeet Aarde geleë is, is gelyk aan die **traagheidsmassa** van die klein sfeer wat aan die onderkant van die hysbak geleë is.

Sien Figuur 2.

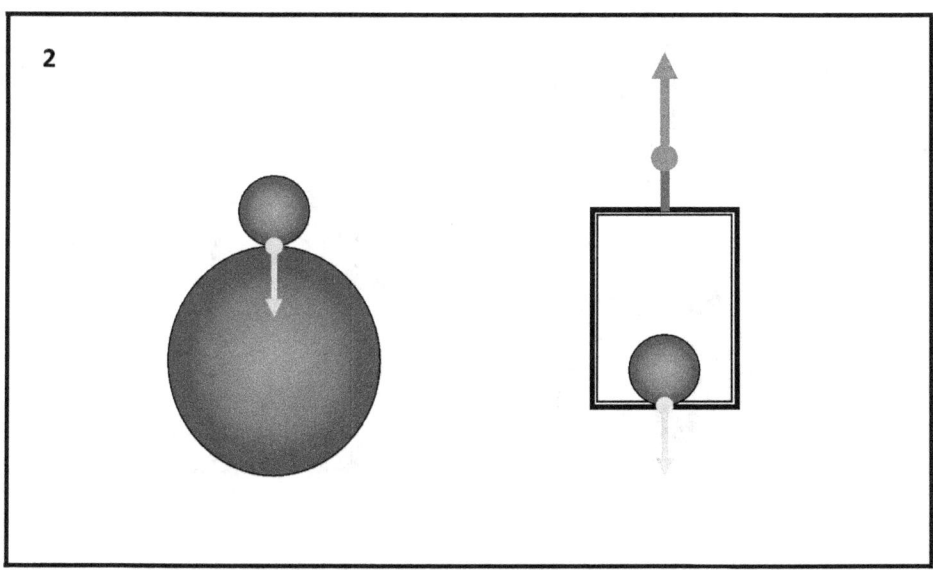

swaar massa op die Aarde se oppervlak druk. Die groen pyl is die drukkrag. Getoon is die klein sfeer in die hysbak wat die onderkant van die hysbak deur sy **traagheidsmassa druk**. Die groen pyl onder die hysbak dui die grootte en rigting van die stoot aan. Die twee klein sfere is dieselfde, die lengte van die groen pyle is dieselfde, wat beteken dat **die swaartekrag en traagheidsmassa** van die klein bol dieselfde is.

Die rede vir die gelykheid van **die swaar en traagheidsmassas** is die feit dat die aarde se gravitasieversnelling gelyk is aan nege hele agt tiendes van 'n meter, per sekonde kwadraat, en die versnelling waarmee die hysbak in 'n vertikale rigting beweeg, is ook gelyk aan nege hele agt tiendes meter, per sekonde per vierkante.

Kortom, **swaar massa** is altyd gelyk aan **traagheidsmassa**.

Ons kan die gelykheid van swaar massa en traagheidsmassa verifieer. Ons gebruik twee akkurate skale.

Sien figuur 3.

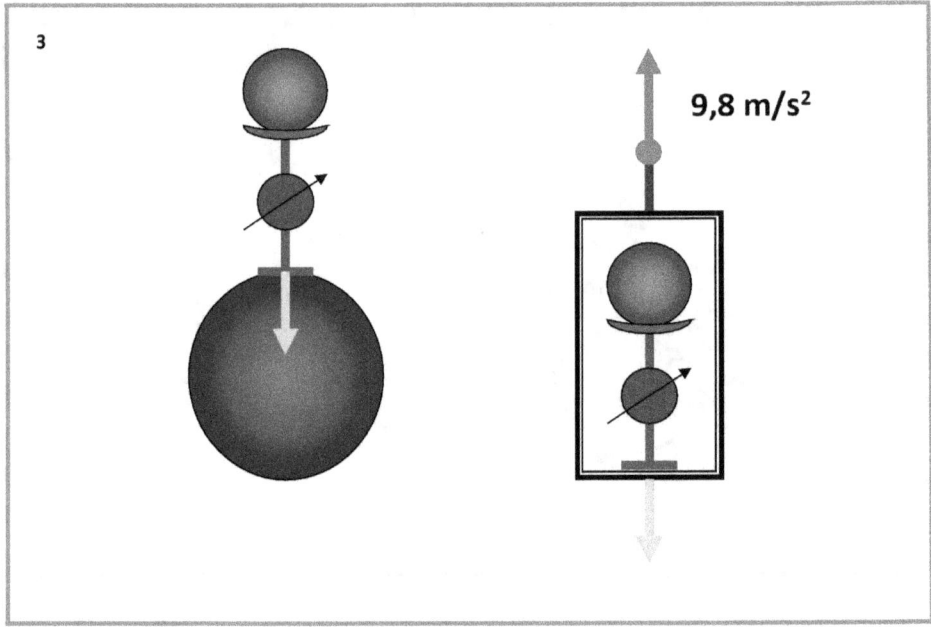

Figuur 3 toon twee identiese skale. Die skale het 'n blou skerm vir gewiglesing, 'n bruin basis en 'n bruin steunplaat.

Kyk na die linkerkant van die prentjie. Die basis van die skaal is op die aarde se oppervlak. Bo die skaal word die klein bol geplaas. Die swart pyl dui die gewig van die klein bol aan. 'n Skaal wat op die aarde se oppervlak geplaas word, meet **die swaar massa** van die klein sfeer.

Dieselfde skaal word op die onderkant van die hysbak geplaas. Die klein bol word op die skaal geplaas. Die swart pyl dui die gewig van die klein bol aan. Die skaal in die hysbak meet **die traagheidsmassa** van die klein sfeer. Swart pyle op beide skale dui gelyke gewig aan. **Die swaar massa** van die klein sfeer is gelyk aan **die traagheidsmassa** van die klein sfeer. Die basisse van beide skale druk eweredig af. Die twee groen pyle onder die basisse van die skubbe is ewe lank.

Die tweede belangrike feit in die beginsel van ekwivalensie is dat:

- die beweging van 'n liggaam met versnelling in 'n gravitasieveld is gelykstaande aan eenvormige reglynige beweging.

Om hierdie feit te verduidelik, sal ons 'n gedagte-eksperiment uitvoer, met 'n hysbak en 'n passasier wat saam met die hysbak beweeg. Ongelukkig breek die tou een of ander tyd.

Sien Figuur 4.

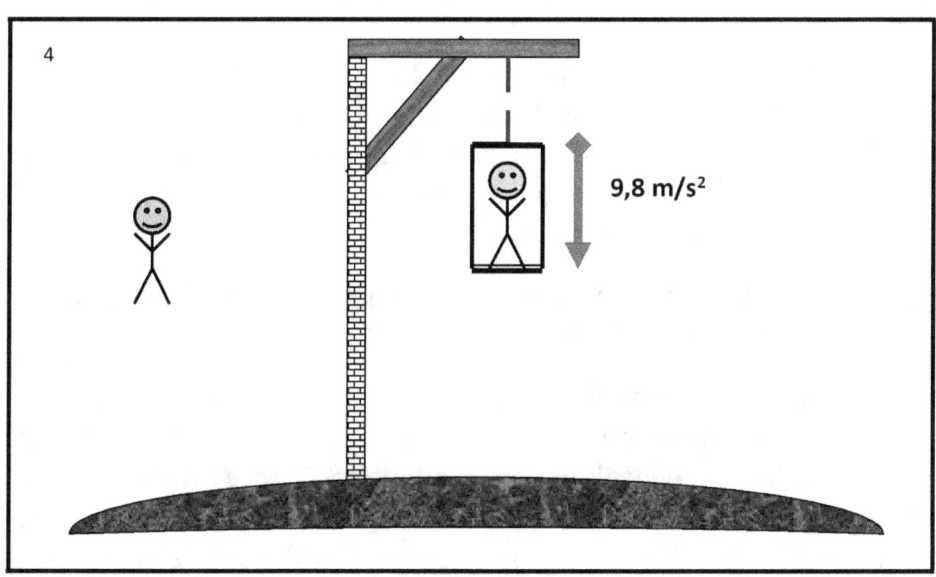

In figuur 4 word 'n gedeelte van die aarde se oppervlak getoon, 'n sterk vertikale steun waarop 'n horisontale balk vasgemaak is. Die hysbak is aan die balk vasgemaak. Die tou is gebreek. Vir ons oorweging is dit nie belangrik of die hysbak in beweging of stil was toe die tou gebreek het nie. Wat belangrik is, is dat die hysbak na die aarde se oppervlak sal begin val, en dit sal beweeg teen 'n versnelling van nege hele agt tiendes van 'n meter per sekonde kwadraat. Die rede vir hierdie val met versnelling is dat die hysbak, en die passasier daarin, in die gravitasieveld van die Aarde is, en die werking van die krag van die Aarde se gravitasie-aantrekking ervaar. Die hysbak het geen vensters nie en die passasier in die hysbak kan nie weet dat dit met versnelling beweeg nie. Die passasier in die hysbak is in 'n toestand van gewigloosheid. Die passasier in die hysbak sal oortuig wees dat hy in 'n toestand van rus of eenvormige reglynige beweging is, en geen kragte wat op hom inwerk wat versnelling veroorsaak nie. 'n Tweede waarnemer is buite die hysbak geleë en sien dat die hysbak met versnelling beweeg. Die waarnemer buite die hysbak kan nie die passasier binne die hysbak oortuig dat dit met versnelling na die aarde se oppervlak beweeg nie.

Daar moet kennis geneem word dat soortgelyke denkeksperimente met hysbakke deur Einstein uitgevoer is om die aard van traagheids- en nie-traagheidsverwysingsrame te verduidelik. Hierdie gedagte-eksperimente het Einstein gehelp om die Ekwivalensiebeginsel te definieer.

Einstein het **die ekwivalensiebeginsel gebruik** om die Algemene Relatiwiteitsteorie te skep.

Algemene Relatiwiteit is 'n teorie van tyd en ruimte. Die Algemene Relatiwiteitsteorie wys wat die wette van meganika is, en hoe die wette van meganika in nie-traagheidsverwysingsraamwerke werk. Nie-traagheidsverwysingstelsels is daardie koördinaatstelsels wat in 'n toestand van beweging is met versnelling. Moderne fisika en Einstein beweer dat versnelde beweging absoluut is, en dus verskil van relatiewe beweging. Die verskil tussen absolute beweging met versnelling aan die een kant, en relatiewe eenvormige beweging aan die ander kant, is 'n baie groot probleem wat nie toelaat om die Algemene Relatiwiteitsteorie te skep nie. Die probleem word opgelos deur die beginsel van ekwivalensie

Die wette van relatiewe eenvormige beweging is 'n beginsel in die Spesiale Relatiwiteitsteorie. Uit die geskiedenis van fisika weet ons dat Einstein eers die Spesiale Relatiwiteitsteorie geskep het, toe het hy die Algemene Relatiwiteitsteorie geskep.

Spesiale Relatiwiteit, soos Algemene Relatiwiteit, is 'n teorie van tyd en ruimte. Maar anders as Algemene Relatiwiteit, toon Spesiale Relatiwiteit wat die wette van meganika is, en hoe die wette van meganika werk, in traagheidsverwysingsraamwerke. Traagheidsverwysingstelsels is daardie koördinaatstelsels wat in 'n toestand van rus of in 'n toestand van eenvormige reglynige beweging is.

Op 11 Julie 1923 het Albert Einstein 'n toespraak in Göteborg gehou, voor die vergadering van natuurwetenskaplikes van die Nordiese lande, oor die onderwerp: "Grundgedankenund und probleme der Relativatatstheorie".

Die verslag is gepubliseer in die boek: "Les Prix Nobel en 1921-1922" Stockholm, Imprimerie Royale, PA Norstedt & Soner.

In hierdie verslag sê Einstein:

"In klassieke meganika is die onderskeid tussen versnelde en onversnelde bewegings absoluut. Daar is slegs relatiewe snelhede na gelang van die keuse van traagheidsraamwerk, en versnellings en rotasies is absoluut, onafhanklik van die keuse van traagheidsraamwerk."

Meer as honderd jaar gelede het Einstein die aandag van navorsers gevestig op die wesenlike verskil tussen relatiewe beweging en absolute beweging. Die verskil tussen absolute beweging en relatiewe beweging is 'n struikelblok vir die skep van 'n Algemene

Relatiwiteitsteorie. Einstein het probeer om die probleem op te los deur absolute beweging met versnelling gelyk te stel aan relatiewe beweging met konstante snelheid. Filosofies gesproke is dit 'n fout. Einstein moes anderpad gegaan het, naamlik om relatiewe beweging teen konstante snelheid gelyk te stel aan absolute beweging teen konstante versnelling. Vir dit om te gebeur, moet Einstein relatiewe beweging teen konstante snelheid verteenwoordig, toon, uitdruk deur absolute beweging teen konstante versnelling.

Einstein het die Ekwivalensiebeginsel gebruik om absolute beweging gelyk te stel aan versnelling, wat 'n beginsel in Algemene Relatiwiteit is, aan relatiewe beweging, wat 'n beginsel in Spesiale Relatiwiteit is.

Dit is wat Einstein in die boek "Evolution of Ideas in Physics" sê:

"Ware relativistiese fisika moet van toepassing wees op alle koördinaatstelsels, en dus ook op die spesiale geval van 'n traagheidskoördinaatstelsel. Die nuwe **algemene** wette , geldig vir alle koördinaatstelsels , **moet** verminder word na **die bekende ou** wette , **in die spesiale geval** van 'n traagheidstelsel."

Die blou teks is:

"Die nuwes wette wat vir alle koördinaatstelsels **geldig is , word** verminder aan wette **van** 'n traagheidstelsel."

Volgens Einstein is **die nuwe wette van fisika** waar in koördinaatstelsels wat met versnelling beweeg.

Die beginsel van ekwivalensie word gebruik om absolute beweging in relatiewe beweging te bring, maar dit is nie genoeg nie. Nog 'n baie belangrike feit word gebruik.

'n Traagheidskoördinaatstelsel wat 'n gravitasieveld binnegaan, begin met versnelling beweeg, maar vir die waarnemers wat op daardie traagheidskoördinaatstelsel is, verander niks nie.

Waarnemers voel nie die beweging met versnelling nie. Waarnemers is oortuig daarvan dat hul koördinaatstelsel steeds traagheid is en dat dit aanhou om eenvormig en in 'n reguit lyn te beweeg.

Dit is wat Einstein in die boek "Evolution of Ideas in Physics" sê:

"Maar vir so 'n beskrywing moet ons rekening hou met swaartekrag, so te sê die brug bou wat dit moontlik maak om van een koördinaatstelsel na 'n ander te gaan. Die gravitasieveld bestaan vir die eksterne waarnemer, maar dit bestaan nie vir die interne waarnemer nie."

En dan:

"Maar die brug, dit wil sê die gravitasieveld, wat die beskrywing in twee verskillende koördinaatstelsels moontlik maak, rus op een baie belangrike pilaar: die gelykheid van swaar en traagheidsmassa. Sonder hierdie leidraad, wat in klassieke meganika ongemerk verbygegaan het, sou ons huidige rasionaal heeltemal verkeerd wees".

Die gelykheid van swaar en traagheidsmassa en die beweging van 'n traagheidsverwysingsraamwerk in 'n gravitasieveld is twee van Einstein se wonderlike idees. Einstein het hierdie twee idees gebruik om absolute beweging met versnelling tot relatiewe traagheidsbeweging te verminder. Dit is die pad wat Einstein geneem het, en sodoende die Algemene Relatiwiteitsteorie geskep het.

Uit 'n filosofiese oogpunt ly Einstein se metode ernstige kritiek. Einstein moes presies die teenoorgestelde gedoen het, naamlik om relatiewe traagheidsbeweging met versnelling tot absolute beweging te verminder.

In die hipotese wat ek aanbied, sal ek en jy presies dit doen.

Vir hierdie doel sal ons basiese fisiese wette ontleed en gevolgtrekkings maak oor die wese van hierdie wette.

4. NEWTON SE EERSTE WET.

In 1868 het Newton die boek gepubliseer

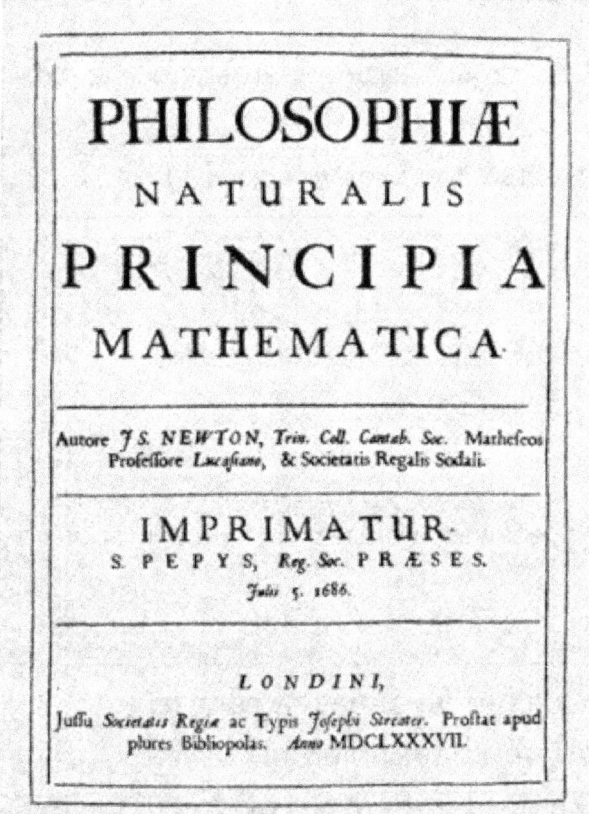

waarin die basiese wette van Fisika gedefinieer word. Die titel van die boek:

> PHILOSOPHIAE NATURALIS PRINCIPIA MATHEMATICA

,
word in Slawies-Bulgaars Cyrillies vertaal, soos volg:

> „Математически принципи на физиката"

Newton se wette word op skool bestudeer en staan bekend as "Newton se drie wette".

In Latyn word Newton se eerste wet soos volg geskryf:

> „Corpus omne perseverare in statu suo quiescendi vel movendi uniformiter in directum, nisi quatenus illud a viribus impressis cogitur statum suum mutare"

Die vertaling uit Latyn, in Slawies-Bulgaars Cyrillies, is soos volg geskryf:

> „Всяко тяло продължава да запазва своето състояние на покой или равномерно праволинейно движение, докато и доколкото, то не е принудено да промени това състояние, от приложените сили"

Die Latynse na Engelse vertaling word heel waarskynlik so gespel:

> "Every body continues to be held in its state of rest, or uniform and rectilinear motion, until and insofar as it is compelled by applied forces to change this state."

Van Latyn na Russies, daar is 'n vertaling wat deur akademikus Krylov in die boek gemaak is:

> ИСААК НЬЮТОН
>
> «МАТЕМАТИЧЕСКИЕ НАЧАЛА НАТУРАЛЬНОЙ ФИЛОСОФИИ»
>
> ПЕРЕВОД С ЛАТИНСКОГО И КОММЕНТАРИИ А.Н. КРЫЛОВА

Die vertaling in Russies is so geskryf:

> "Всякое тело продолжает удерживаться в своем состоянии покоя или равномерного и прямолинейного движения, пока и поскольку оно не понуждается приложенными силами изменять это состояние"

Newton se eerste wet:

"Enige liggaam gaan voort om sy toestand van rus of eenvormige reglynige beweging te behou, totdat en in soverre dit gedwing word om daardie toestand te verander deur toegepaste kragte."

Heel doelbewus wys ek die vertaling uit Latyn, in verskillende skrifte.

Die rede is dat wat Newton sê baie belangrik is. Die manier waarop hy dit sê, is belangrik.

Naamlik:

Newton se eerste wet bestaan uit twee dele. Die eerste deel van Newton se wet bepaal die toestand van die liggaam in ruimte en tyd wanneer geen **"krag" op die liggaam toegepas word nie** . Newton het beweer dat **dit nie** op die liggaam optree nie **"toegepaste krag"** , die moontlike toestand van die liggaam is óf rus óf eenvormige reglynige beweging. Newton verduidelik nie hoe rus of beweging plaasvind nie. Vir Newton is die feit dat hierdie twee toestande konstant bly in tyd en ruimte belangrik. Die metode om beide state te red is dieselfde. Dit beteken dat die rede vir die handhawing van die rustoestand of die bewegingstoestand dieselfde is. Wanneer **die oorsaak van bewaring** van hierdie twee verskillende toestande dieselfde is, sal die verwydering van die oorsaak van bewaring die res of die beweging op dieselfde manier verander.

Ons moet onthou dat die spesifieke rede vir die behoud van rus of beweging, volgens Newton, **die afwesigheid** van 'n **"toegepaste krag" is.**

'n **"toegepaste krag"** plaasvind , die toestand van rus of beweging verander. Op hierdie manier bevestig Newton die feit dat **die rede vir die handhawing van** die toestand van rus of beweging **die afwesigheid van die aksie van "toegepaste krag" is** .

Newton se eerste wet het die grondslag van die wetenskap van fisika gelê. Vanuit 'n filosofiese oogpunt is Newton se eerste wet hewig gekritiseer. Kritiek hou verband met die essensie van die verskynsel van beweging, en die essensie van die fenomeen van rus:

Newton se eerste wet onderskei nie tussen die rustoestand van 'n liggaam en die toestand van eenvormige reglynige beweging van dieselfde liggaam nie. Om dit kort en duidelik te stel, volgens Newton se eerste wet is die rustoestand identies aan die bewegingstoestand, mits die beweging uniform en in 'n reguit lyn is.

In die wetenskap is die filosofie, die verskynsel van beweging en die verskynsel van rus fundamenteel verskillend, en hierdie verskynsels het verskillende essensies. Die identiteit van hierdie fundamenteel verskillende verskynsels skep probleme vir alle moderne fisika. Hierdie probleme kan in 'n verskeidenheid afdelings van fisika gespesifiseer word. 'n Tipiese voorbeeld in hierdie verband is die Spesiale Relatiwiteitsteorie. Dit gaan oor die paradoks van die tweeling. Die tweelingparadoks, wat deur Einstein gedefinieer is, sê dat wanneer een van twee tweeling eenvormig en in 'n reguit lyn beweeg relatief tot die ander tweeling, die bewegende tweeling stadiger verouder omdat die tyd **stadiger word.** Die enigste rede vir die tydsvertraging is die feit dat hierdie tweeling in 'n toestand van relatiewe beweging is relatief tot die ander tweeling. Hierdie hipotese is snaaks, interessant, paradoksaal, maklik om te onthou en wek belangstelling by 'n groot deel van die lesers. Maar ek wil dadelik daarop wys dat die eintlike paradoks van tweelinge nie die feit is dat daar 'n verskil in die ouderdom van die tweeling is nie. Die ware tweeling-paradoks kom daarop neer dat elke tweeling kan beweer dat hulle stadiger verouder en jonger bly, terwyl die ander vinniger verouder. Die rede vir hierdie misverstand is Newton se eerste wet. Ek beklemtoon weereens dat Newton se eerste wet nie onderskei tussen die toestand van rus en die toestand van eenvormige reglynige beweging nie.

Sien figuur 5.

In figuur 5 word twee tweelinge en een platform getoon. Die platform het wiele en kan beweeg. Die tweeling wat aan die regterkant van die figuur is, het op die platform getrap. Die platform, saam met die tweeling daarop, beweeg van links na regs, eenvormig in 'n reguit lyn, teen 'n mate van spoed. Die rigting en grootte van die snelheid word deur 'n blou pyl getoon. Die tweeling op die platform sê vir die ander een:

"Ek beweeg na jou toe, bestendig en reguit, en ek verouder stadiger."

Maar die ander tweeling, wat aan die linkerkant van die figuur geleë is, maak beswaar:

"Ag nee, wat jy sê is nie waar nie, ek beweeg na jou toe. Ek hou jou noukeurig dop en ek sien dat jy teen 'n konstante spoed van my wegbeweeg".

Die regte tweeling antwoord:

"Ek is op 'n platform, en die wiele van daardie platform draai, daarom is ek in beweging relatief tot jou."

Die dispuut blyk dus reeds bygelê te wees, ten gunste van een tweeling? Ja, dit is opgelos, maar die voorwaardes van die eksperiment word oortree. Ons doen 'n eksperiment wat, volgens voorwaarde, daarop gemik is om slegs en slegs relatiewe, eenvormige, reglynige beweging van die tweeling relatief tot mekaar te bewys. Die wiele van die platform draai, en hul rotasiebeweging is nie eenvormig nie, dit is nie reglynig nie. Volgens moderne fisika is die rotasiebeweging van die wiele absoluut, en hulle moet uitgesluit word van die eksperiment wat ons uitvoer. Die paradoks van die tweeling verwys slegs en slegs na 'n **toestand van relatiewe beweging, teen 'n konstante spoed, in 'n reguit lyn**.

Die werklike eksperiment sal so lyk.

Sien Figuur 6.

In figuur 6 word die twee tweeling en twee platforms getoon.

Die tweeling is op die platforms. Platforms het nie wiele nie, want hulle is in die buitenste ruimte. Die twee platforms en die tweeling is in 'n toestand van gewigloosheid. Die regte platform, saam met die tweeling daarop , beweeg in 'n eenvormige reguit lyn. Die blou pyl wys die rigting van die snelheid en die grootte van die snelheid. Dit is verlate, heeltemal leeg, en die tweeling kan spoed relatief tot mekaar bepaal deur net na mekaar te kyk. Onder hierdie toestande kan elkeen van die tweeling beweer dat hy beweeg terwyl die ander in rus is.

Elkeen van die tweeling kan meettoestelle gebruik om die relatiewe spoed van die ander tweeling te bepaal. Moderne laserspoedmeters kan byvoorbeeld gebruik word.

Sien Figuur 7.

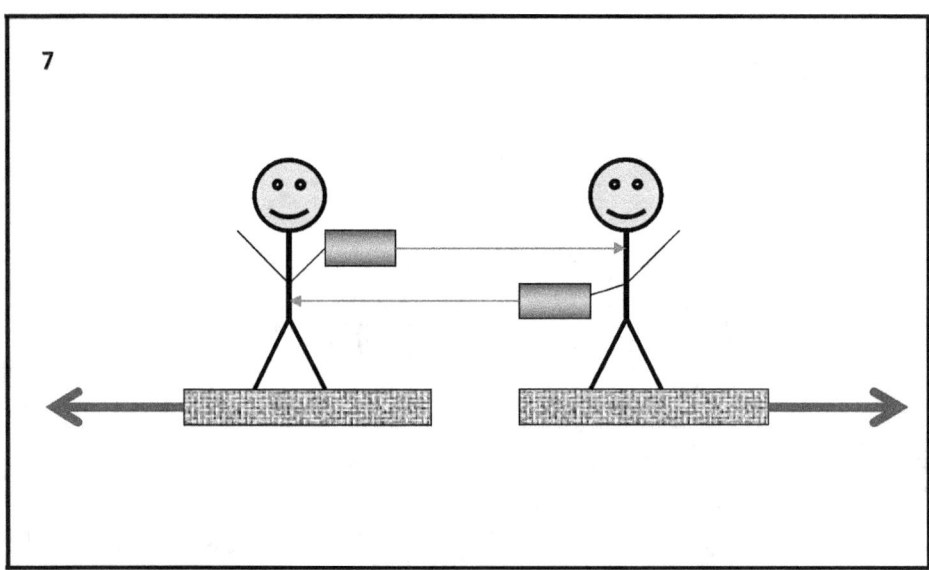

Figuur 7 toon die tweeling wat laserspoedmeters gebruik. Die rooi, dun pyltjies is laserligstrale. In hierdie geval sal elkeen van die tweeling gemeet word om eenvormig en in 'n reguit lyn relatief tot die ander tweeling te beweeg. Die snelheid wat deur die tweeling gemeet word, sal dieselfde wees, maar die rigting van die snelheid wat hulle meet, sal teenoorgesteld wees.

Die regter tweeling sal beweer dat hy van links na regs beweeg, die linker tweeling sal beweer dat hy van regs na links beweeg.

Die twee blou pyle dui die rigting van die gemete snelheid aan. Die lengte van die pyle dui die grootte van die gemete snelheid aan.

Gee spesiale aandag aan die feit dat die grootte van die pyle dieselfde is, maar die rigtings is diametraal teenoorgestelde.

Geplaas in hierdie toestande, kan die tweeling nie bepaal watter van die twee rus en watter in beweging is nie. Hier is nog 'n paradoks. Ons sien dat die paradoks van die tweeling uit twee dele bestaan, wat twee fundamenteel verskillende paradokse is.

Die eerste paradoks is dat een tweeling vinniger verouder as die ander tweeling. Dit is Einstein se paradoks.

Die tweede paradoks is dat dit in beginsel onmoontlik is om te bewys watter van die twee tweeling in rus is en wie in 'n toestand van eenvormige reglynige beweging is.

Uit 'n filosofiese oogpunt is die tweede paradoks uiters interessant, en van besondere belang. Dit word **die paradoks van beweging en rus genoem.** Die Twin Paradox, wat deur Einstein uitgewys is, is 'n spesiale geval van die **Paradox of Motion and Rest.**

Die enigste rede vir die verskyning en bestaan van **die Paradoks van Beweging en Rus** is dat Newton se eerste wet op so 'n wyse gedefinieer word dat dit nie tussen die toestand van rus en die toestand van eenvormige reglynige beweging onderskei nie. **Die paradoks van beweging en rus** is soos 'n bose demoon wat in die fondamente van moderne fisika leef. Hierdie demoon beïnvloed alle menslike wetenskap.

5 . NEWTON SE TWEEDE WET.

In Latyn word Newton se tweede wet soos volg geskryf:

> „Mutationem motus proportionalem esse vi motrici impressae et fieri secundum lineam rectam qua visilia imprimitur".

In Slawies Bulgaars Cyrillies:

> „Изменението на количеството на движение, е пропорционално на приложената движеща сила и се извършва по тази права по която тази сила действа"

In Engels:

> "The change in momentum is proportional to the applied driving force and occurs in the direction of the straight line along which this force acts"

In Russies:

> „Изменение количества движения пропорционально приложенной движущей силе и происходит по направлению той прямой, по которой эта сила действует"

Newton se tweede wet:

"Die verandering in die hoeveelheid beweging is eweredig aan die toegepaste dryfkrag en word uitgevoer volgens die reg waarop hierdie krag inwerk."

In sy magnum opus, Philosophiae Naturalis Principia Mathematica, het Newton die tweede wet van fisika gedefinieer waarin hy die verband tussen fisiese hoeveelhede getoon het. Die eerste hoeveelheid is **die hoeveelheid beweging**, die tweede hoeveelheid is **die toegepaste dryfkrag**. Die verband tussen die **hoeveelheid beweging** en die hoeveelheid **toegepaste dryfkrag** word tot twee spesifieke verskynsels gereduseer.

Die eerste verskynsel is **proporsionaliteit** tussen hoeveelheid beweging en toegepaste krag.

Die tweede verskynsel is **'n verandering in die hoeveelheid beweging**.

Newton beteken dat die hoeveelheid beweging direk eweredig is aan die krag en direk eweredig is aan die dryfkrag.

Soos dit gestel word, dui die tweede wet van fisika aan dat, vir Newton, **die toegepaste dryfkrag** die verskynsel is wat **veroorsaak dat die verskynsel van verandering** van **momentum** plaasvind . Let op die feit dat, so gesê, dit dui op die teenwoordigheid van vier verskillende fisiese hoeveelhede.

Die eerste is toegepasde krag.

Die tweede is 'n dryfveer.

Die derde is die hoeveelheid beweging.

Die vierde is 'n verandering in die hoeveelheid beweging.

Die nuwe fisiese hoeveelhede is vier, maar vir Newton is die belangrikste ding dat **die krag veroorsaak dat die verandering** in die hoeveelheid beweging verskyn . Hierdie feit word bevestig in die tweede deel van die definisie van fisiese wet, in Latyn:

> "...et fieri secundum lineam rectam qua visilia imprimitur".

In Slawies Bulgaars Cyrillies :

> „....и се извършва по тази права по която тази сила действа".

In Engels:

> „...and occurs in the direction of the straight line along which this force acts"

In Russies:

> „...и происходит по направлению той прямой, по которой эта сила действует"

Vertaling van Slawies-Bulgaars Cyrillies na 'n ander taal:

"...en dit word gedoen deur daardie reg waardeur daardie mag optree" .

Newton, kort en duidelik, sê dat **die verandering** in die hoeveelheid beweging in 'n reguit lyn plaasvind en 'n rigting het. Die rigting van die verandering in die hoeveelheid beweging val saam met die rigting van die werkende krag. Dit gesê, dit is uiters belangrik.

Newton se definisie is perfek. Ek sê dit omdat in moderne fisika Newton se definisie op 'n ander manier aangebied word, en perfeksie verdwyn.

In moderne fisika word Newton se tweede wet geskryf as:

"Krag is gelyk aan die produk van die massa van die liggaam keer die versnelling van die liggaam."

Gedefinieer op hierdie manier, ly Newton se tweede wet ernstige kritiek, vanuit die oogpunt van die wetenskap Filosofie. Filosofiese kritiek is in verband met die ondergeskiktheid van die drie fisiese groothede wat drie verskillende verskynsels in die Een Oneindige Realiteit verteenwoordig.

Die drie verskynsels is: Krag, Massa, Versnelling.

Sien figuur 8.

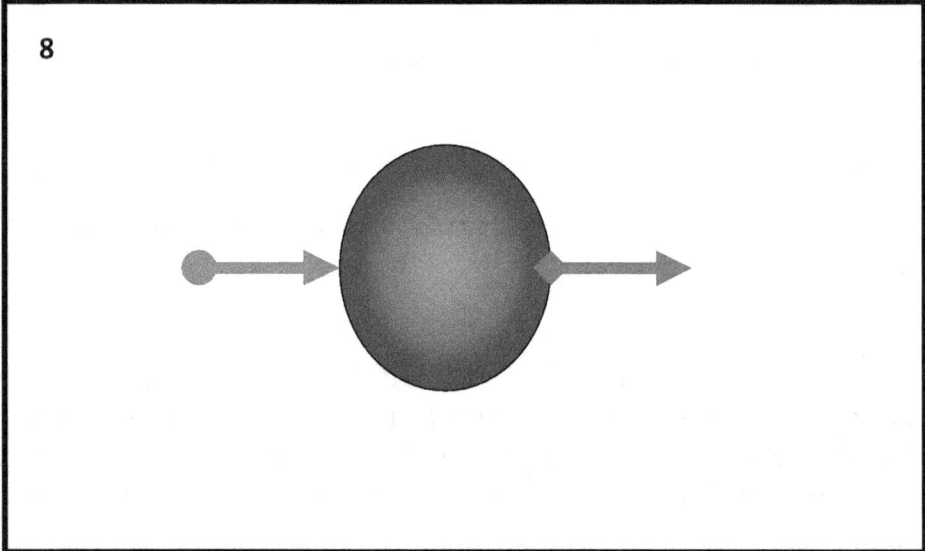

In figuur 8 word 'n sfeer getoon wat 'n sekere massa het. Die grootte van die massa in die spesifieke geval maak nie saak nie. 'n Krag word op die sfeer toegepas. Die krag word met 'n rooi pyl getoon. Die lengte van die rooi pyl dui die grootte van die krag aan. Onder die werking van die rooi krag beweeg die sfeer met versnelling. Versnelling word met 'n groen pyl gewys. Die lengte van die groen pyl dui die grootte van die versnelling aan. Die grootte van die krag wat op die sfeer inwerk, kan baie verskil. As ons twee keer die krag gebruik, dan sal die versnelling van die sfeer twee keer so groot wees.

Sien figuur 9.

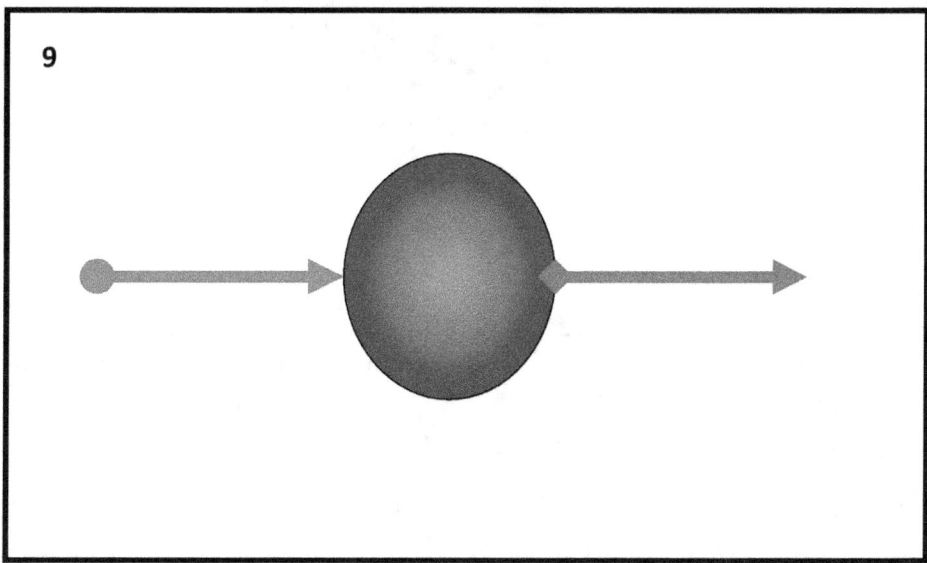

In figuur 9 word getoon dat die rooi krag twee keer so groot is in vergelyking met die krag in figuur vier, dan is die versnelling ook twee keer so groot. Die groen pyl in figuur vyf is twee keer so groot as die groen pyl in die vorige figuur vier.

Ons kan ook die grootte van die sfeer verander. As ons twee keer die grootte van die sfeer gebruik en nie die grootte van die krag verander nie, dan sal die versnelling twee keer so klein wees.

Sien figuur 10.

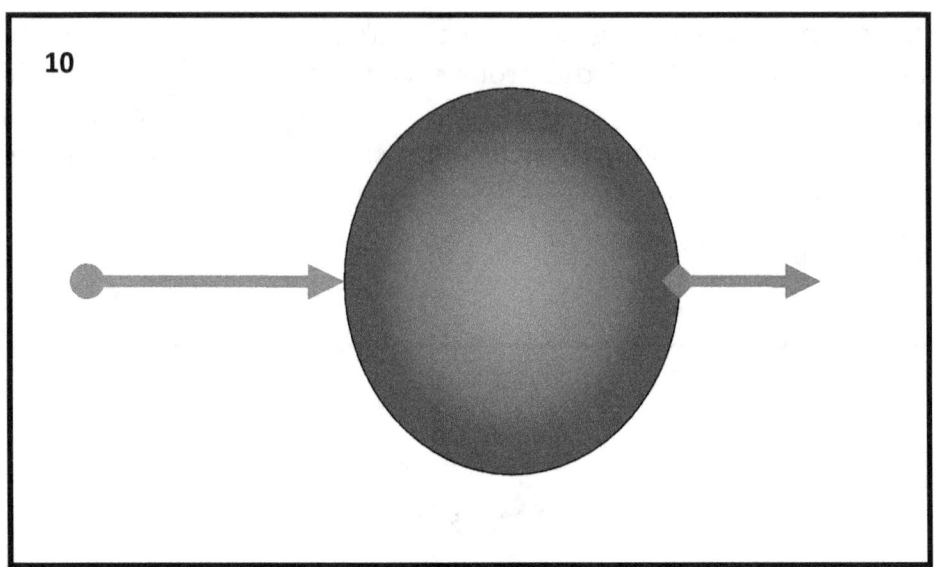

In Figuur 10 word 'n twee keer so groot sfeer getoon wat twee keer so swaar is. Die rooi krag word nie verander nie, maar die versnelling, wat die groen pyl is, is twee keer so klein, in vergelyking met die vorige syfer vyf.

Ons is in staat om 'n verskeidenheid kombinasies tussen krag, sfeergewig en sfeerversnelling te maak. Alle moontlike kombinasies tussen hierdie drie fisiese hoeveelhede sal ooreenstem met Newton se tweede wet soos verteenwoordig deur moderne fisika, naamlik:

Die krag is gelyk aan die produk van die massa van die sfeer keer die versnelling van die sfeer.

Die filosofiese vraag na Newton se tweede wet is:

Watter van hierdie drie fisiese hoeveelhede is primêr?

Verskillende antwoorde is moontlik.

Die eerste van die moontlike antwoorde is dat die Krag primêr is. Want as ons 'n sfeer waarneem waarop geen krag toegepas word nie, sal die sfeer nie met versnelling beweeg nie, die sfeer sal in rus

EINSTEIN SE DERDE FOUT

wees. Ons pas 'n krag op die sfeer toe, en dan vind 'n versnelling van die sfeer plaas. Daarom is krag die ding wat eerste moet verskyn sodat versnelling tweede verskyn. Krag veroorsaak dat versnelling plaasvind.

Maar hier vra die filosofie dadelik die volgende vraag, naamlik:

Hoe verskyn krag?

Die antwoord is dat 'n mate van beweging nodig is om 'n krag te laat verskyn wat op die sfeer kan inwerk. Die beweging kan eenvormig reglynig of versnellend wees. Dit kan 'n ander sfeer wees wat eenvormig in 'n reguit lyn beweeg, of beweeg met versnelling, na die sfeer waarmee ons eksperimenteer.

Sien figuur 11.

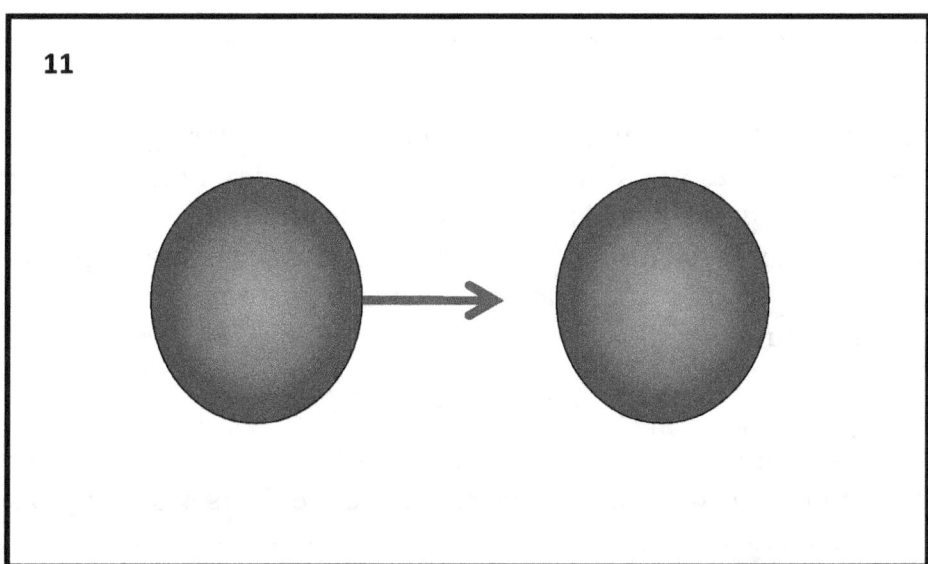

In Figuur 11 word twee sfere getoon. Die regte een is in rus. Die linkersfeer beweeg met 'n mate van spoed na regs. Die rigting van die snelheid en die grootte van die snelheid word met 'n blou pyl getoon.

Sien figuur 12.

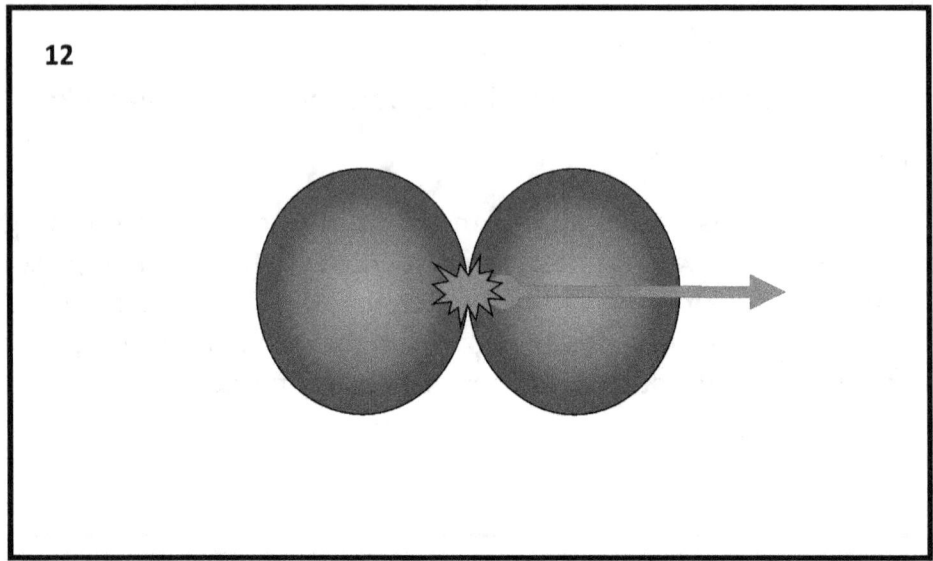

In figuur 12 word die impak tussen die twee sfere getoon. Op die oomblik van impak vind versnellings plaas tussen die atome waaruit die sfere bestaan. Die rooi sarsie toon die versnellings wat op die kwantumvlak voorkom. Hierdie versnellings gee aanleiding tot die krag wat die sfeer begin stoot waarmee ons eksperimenteer.

Maar dan, miskien is versnelling primêre?

Maar ons moet nie vergeet dat om enige versnelling te laat plaasvind, een of ander kragaksie altyd nodig is wat toegepas word op een of ander liggaam wat 'n mate van massa besit. Dan kan ons tot die gevolgtrekking kom dat versnelling nie primordiaal is nie.

'n Derde moontlike antwoord is dat die massa van die sfeer 'n primêre fisiese grootheid is. Want as ons die massa van die sfeer verander, maar die grootte van die werkende krag behou, sal die versnelling verander. Ons kan aflei dat die verandering in die massa van die sfeer die oorsaak is van die verandering in versnelling.

Maar om die versnellende beweging van die sfeer saam te skep, is die werking van 'n krag nodig. As daar geen krag inwerk nie, sal die sfeer nie met versnelling beweeg nie.

'n Geslote sirkel word verkry. Elkeen van hierdie fisiese hoeveelhede is die oorsaak van die voorkoms van die ander twee, en dit gebeur deur 'n streng bewese fisiese afhanklikheid. Hierdie fisiese afhanklikheid word Newton se tweede wet genoem.

Moderne fisika is nie in staat om te bepaal watter van hierdie drie fisiese groothede primêre is nie. Wanneer die voorrang van een van die drie hoeveelhede bewys word, sal dit die rede wees vir die verskyning van die ander twee fisiese hoeveelhede. Vir nou is dit nie gedoen nie.

Dit is 'n ernstige probleem van moderne fisika wat alle menslike wetenskap raak.

Die rede vir hierdie probleem is dat die moderne definisie van Newton se tweede wet verskil van die oorspronklike definisie wat Newton voorgestel het. Aan die begin van hierdie hoofstuk het ek getoon dat volgens Newton:

Die "**toegepaste dryfkrag**" veroorsaak dat 'n "**verandering**" in die "**hoeveelheid beweging**" plaasvind.

Dit is baie belangrik en moet onthou word.

6. NEWTON SE DERDE WET.

Newton se derde wet geskryf in Latyn:

> „Actioni contrariam semper et aequalem esse reactionem: sive corporum duorum actiones in se mutuo semper esse aequales et in partes contrarias dirigi"

Geskryf in Slawies Bulgaars, Cyrillies:

> „Действието винаги е равно и противоположно на противодействието, иначе казано взаимодействията на две тела, едно върху друго, по между си, са равни и са насочени в противоположни посоки"

Geskryf in Russies:

> „Действию всегда есть равное и противоположное противодействие, иначе — взаимодействия двух тел друг на друга между собою равны и направлены в противоположные стороны".

Geskryf in Engels:

> „An action always has an equal and opposite reaction, otherwise the interactions of two bodies against each other are equal and directed in opposite directions".

Vertaal uit Slawies Bulgaars Cyrillies, in 'n ander taal:

"Die aksie is altyd gelyk en teenoorgesteld aan die teenaksie, met ander woorde die interaksies van twee liggame, een op die ander, tussen mekaar, is gelyk en in teenoorgestelde rigtings gerig."

Die wet is bondig en duidelik omskryf.

Vanuit 'n filosofiese oogpunt het Newton se derde wet ernstige kritiek ondervind.

Daar is geen beperkende voorwaardes in die definisie van die wet nie. Beperkende voorwaardes dui aan wanneer die wet van toepassing is en wanneer die wet nie. Die afwesigheid van beperkende voorwaardes gee rede vir sommige navorsers om te beweer dat Newton se derde wet as 'n fisiese beginsel beskou word.

Die afwesigheid van 'n definisiegebied wat wys hoe die reg werk, is 'n voorvereiste vir die bestaan van spekulasies wat dit moeilik maak om die aard van die reg behoorlik te verstaan. Op hierdie manier blyk die siening dat die krag van teenaksie nie bestaan nie, en dat die krag van teenaksie 'n fiktiewe krag is.

Die wese van die wet word deur syfers geopenbaar.

Sien Figuur 13.

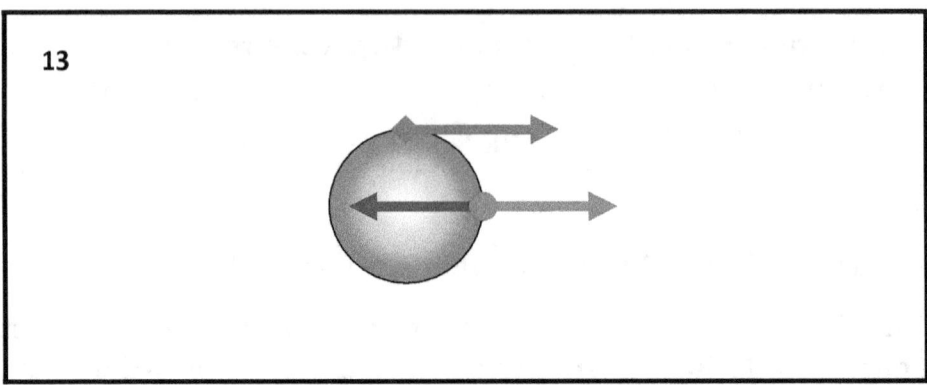

In figuur 13 word 'n sfeer getoon, en die kragte wat op die sfeer inwerk. 'n Rooi krag word op die sfeer toegepas, wat die sfeer na regs trek, en 'n blou krag, wat die rooi een teenstaan. Die rooi krag trek aan die sfeer en die sfeer begin beweeg met versnelling. Versnelling word met 'n groen pyl gewys. Die rigting van die versnelling val saam met die rigting van die trek rooi krag.

'n Werkende krag kan 'n stootkrag wees. Dit hang af van die punt van toepassing van die krag.

Sien figuur 14.

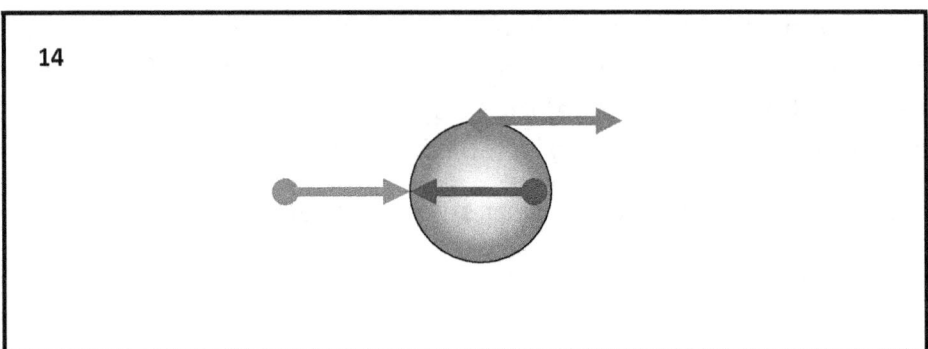

Figuur 14 toon 'n rooi stootkrag en 'n blou krag wat die rooi een teenstaan. Die groen pyl wys die rigting van die versnelling. 'n Geval van sentrale kragoptrede is ook moontlik.

Sien Figuur 15.

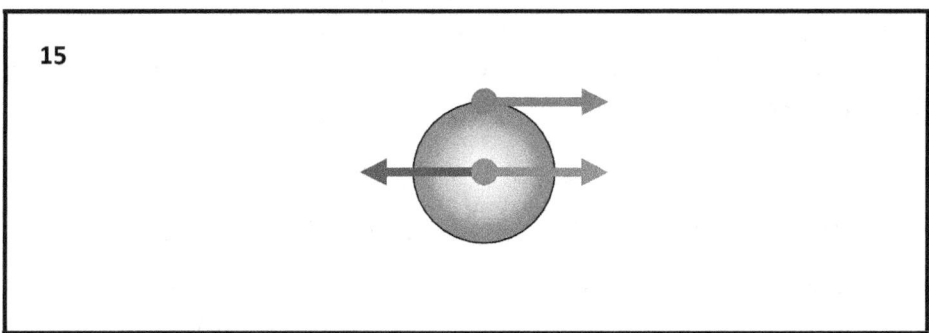

In figuur 15 word 'n sentraalwerkende rooi trekkrag getoon, en 'n blou krag wat die rooi een teëwerk. Die groen pyl wys die grootte en rigting van die versnelling.

Sommige lesers mag vra: Waarom beskryf ek hierdie elementêre dinge so in detail?

My antwoord is dit:

Want hierdie boek is vir mense wat nie 'n spesiale opleiding in Fisika het nie.

Want hierdie dinge is baie belangrik en moet reg verstaan word.

Omdat ek fisika geleer het, beide vir kinders en aan volwassenes, en hulle almal beweer dat hulle Newton se derde wet ken, en is oortuig daarvan dat hulle dit verstaan. En terwyl die gesprek voortgaan, kom sommige van hulle tot die gevolgtrekking dat die teenkrag nie bestaan nie, dat die teenkrag 'n fiktiewe krag is, en dit word gerieflikheidshalwe daar geplaas.

Sommige van my studente, nadat hulle na figuur 15 gekyk het, sê die volgende:

"Blou krag is gelyk aan rooi krag, en blou krag is die teenoorgestelde van rooi krag. Dan kanselleer hierdie twee kragte mekaar uit. Daarom kan die sfeer nie met versnelling beweeg nie. As die sfeer met versnelling beweeg, dan is die blou krag fiktief. Blou bestaan nie. Die teenmaatreël bestaan nie. Slegs die rooi trekkrag gaan voort om te werk, en dan, uit Newton se tweede wet, volg dit dat die sfeer met versnelling beweeg."

Die vraag ontstaan: Wat grond so 'n gevolgtrekking?

Die antwoord lê in die feit dat daar in die wetenskap van fisika twee groot, duidelike afdelings is. Dit word dinamika en statika genoem. Wanneer fisiese denkeksperimente uitgevoer word, moet 'n mens altyd oorweeg oor watter van hierdie twee vertakkings van fisika die spesifieke eksperiment gaan.

Sien figuur 16

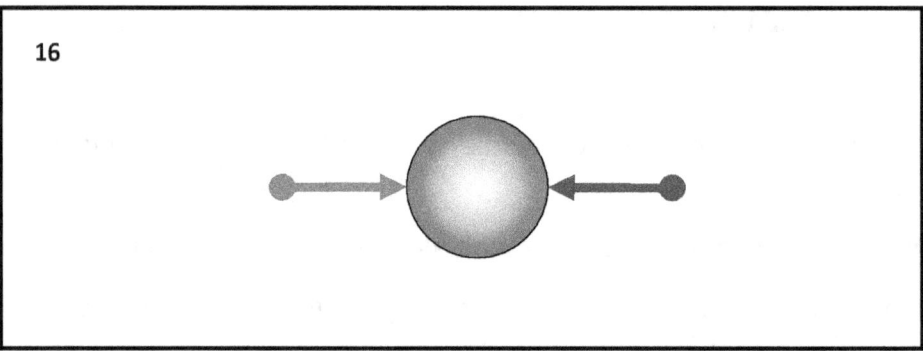

16

Figuur 16 toon 'n sfeer en twee kragte wat gelyktydig op die sfeer inwerk. Die blou krag is gelyk aan die rooi krag, en beide kragte is teen mekaar gerig. Die blou en rooi kragte kanselleer mekaar uit, en die sfeer is óf in rus óf in eenvormige reglynige beweging. Dit is 'n klassieke eksperiment uit die statika-afdeling van Fisika.

Die syfer twaalf wat gewys word, stem baie ooreen met die syfers dertien, veertien en vyftien. Die wesenlike verskil tussen die twee figure is dat die aanwendingspunte van die kragte twee verskillendes is. Die blou krag het sy eie aanwendingspunt, wat verskil van die aanwendingspunt van die rooi krag. Wanneer ons Newton se derde wet ontleed, het die aksiekrag en die reaksiekrag dieselfde toepassingspunt, wat in figuur elf getoon word. Hierdie feit is baie belangrik, en om dit te verstaan, moet ons lees wat Newton in sy boek "Mathematical Principles of Physics" sê.

"As iets op iets anders druk of daaraan trek, dan word dit self deur laasgenoemde vergruis of getrek. As 'n mens 'n klip met sy vinger druk, dan word sy vinger ook deur die klip gedruk. As die perd 'n klip wat aan 'n tou vasgemaak is, sleep, dan, omgekeerd (by wyse van spreke), trek hy ewe veel moeite aan die klip, want 'n gespanne tou, as gevolg van sy elastisiteit, produseer dieselfde krag op die perd na die klip, en op die klip na die perd, en soveel as wat hierdie tou die perd verhinder om vorentoe te gaan, soveel laat dit die klip vorentoe gaan' .

In Slawies-Bulgaars Cyrillies:

„Ако нещо притисне нещо друго или го дърпа, то самото то се смачква или издърпва от това последното. Ако някой натисне камък с пръста си, тогава неговият пръст също е притиснат от камъка. Ако конят влачи камък, вързан за въже, тогава, обратно (така да се каже), той се дърпа към камъка с еднакво усилие, защото опънато въже, поради своята еластичност, произвежда същата сила върху коня към камъка и на камъка към коня и колкото това въже пречи на коня да върви напред, толкова и кара камъка да върви напред".

In Engels:

„If something presses on something else or pulls it, then it itself is crushed or pulled by this latter. If someone presses a stone with his finger, then his finger is also pressed by the stone. If a horse drags a stone tied to a rope, then, back (so to speak), it is pulled towards the stone with equal effort, because the stretched rope, by its elasticity, produces the same force on the horse towards the stone and on the stone towards the horse, and as much as this rope prevents the horse from moving forward, so much does it impel the stone to move forward"

In Russies:

„Если что-либо давит на что-нибудь другое или тянет его, то оно само этим последним давится или тянется. Если кто нажимает пальцем на камень, то и палец его также нажимается камнем. Если лошадь тащит камень, при¬вязанный к канату, то и, обратно (если можно так выразиться), она с равным усилием оттягивается к камню, ибо натянутый канат своею упругостью производит одинаковое усилие на лошадь в сторону камня и на камень в сторону лошади, и насколько этот канат препятствует движению лошади вперед, настолько же он побуждает движение вперед камня"

Met behulp van 'n paar syfers sal ek wys wat is aksie en wat is teenaksie.

Sien Figuur 17.

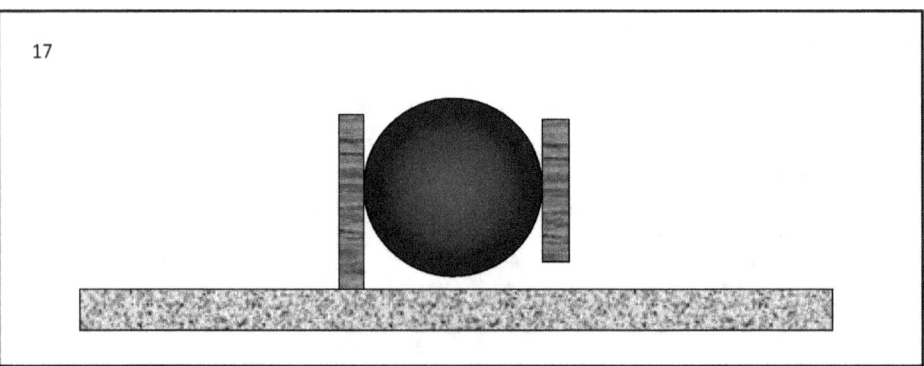

Figuur 17 toon 'n blou rubberbal. Die bal is geleë tussen twee ligte planke, planke. Die linkerbord is stewig vasgemaak op 'n swaar plaat gemaak van klip, graniet. Die regte bord is gratis en kan geskuif word. Ons pas 'n kragaksie op die regte bord toe.

Sien figuur 18.

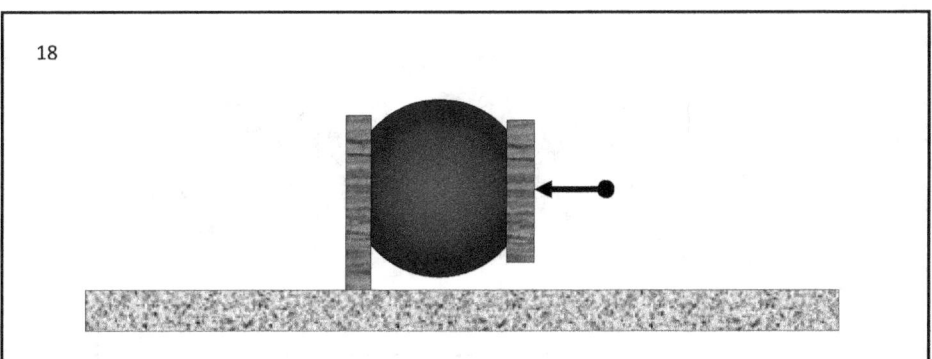

In Figuur 18 kan gesien word dat die swart krag op die regte bord toegepas word. Die bord word geplaas om te verhoed dat die bal spring. Die krag werk van regs na links. Die bord druk op die rubberbal, en die bal vervorm van regs na links. Presies dieselfde vervorming sal aan die linkerkant van die bal voorkom. Daar word 'n bord geplaas wat stewig aan die granietblad gekoppel is en onbeweegbaar is. Kyk na die figuur. Die bal is aan beide kante ewe vervorm. Die regte vervorming word veroorsaak deur **die aksie** van die regte bord, op die bal. Die linkersketring word veroorsaak deur **die teenaksie** van die linkerbord op die bal. Ek kan sê dat dit 'n perfekte klassieke eksperiment is wat **aksie en teenaksie toon** , in die statika-afdeling van die wetenskap van Fisika. Kom ons kyk wat sê Newton in sy groot werk "Mathematical Principles of Physics".

"As 'n mens 'n klip met sy vinger druk, dan word sy vinger ook deur die klip gedruk."

'n Eksperiment kan gemaak word wat die aksie en teenwerking in die dinamika-afdeling van die wetenskap van Fisika toon.

Sien figuur 19.

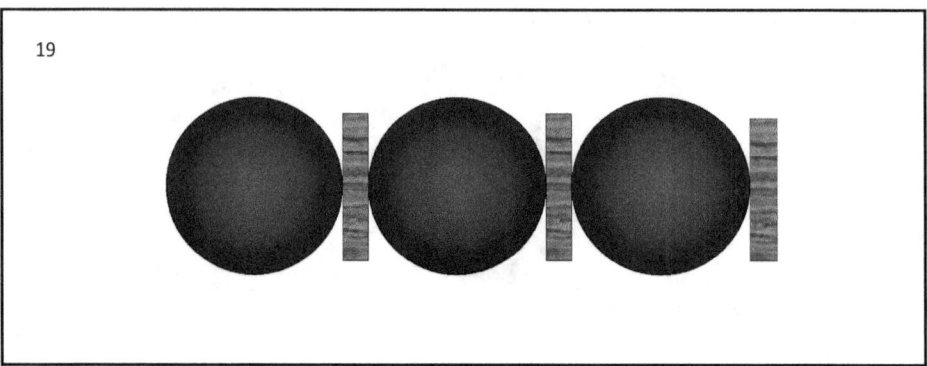

Figuur 19 toon drie blou rubberballetjies en drie ligte borde wat van hout gemaak is. Ons pas kragoptrede toe.

Sien Figuur 20.

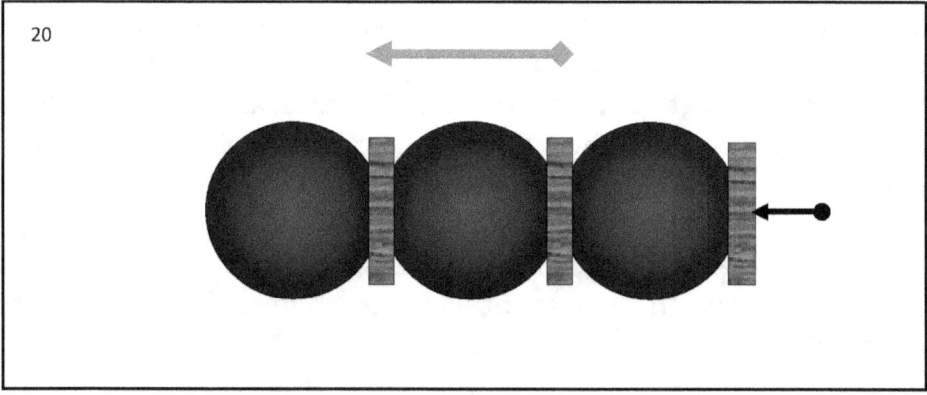

Figuur 20 toon die balle, planke en swart krag wat van regs na links inwerk. Die optrede van die swart krag dwing die balle en planke om met versnelling van regs na links te beweeg. Die groen pyl aan die bokant is die versnelling. Kyk mooi na die figuur en jy sal **die aksie** en **teenaksie** in die dinamika-afdeling van die wetenskap van Fisika verstaan.

Die linkerbord en middelbord kan verwyder word. Nie die regterkantste een nie, want die bal sal bars. Deur die twee planke te verwyder, sal die vervorming van die drie balle nie verander nie. Jy weet reeds hoekom.

Die kern van Newton se derde wet kom neer op die volgende stelling:

Vir elke aksie van 'n krag is daar 'n gelyke in grootte en teenoorgestelde in rigting werkende krag.

Die vraag ontstaan:

Wat is die omvang van hierdie twee kragte, en hoe kan ons seker wees dat hulle bestaan en altyd gelyktydig optree?

Ons sal 'n gedagte-eksperiment doen en 'n werklike krag wat op 'n sfeer inwerk, wys en meet.

Sien Figuur 21.

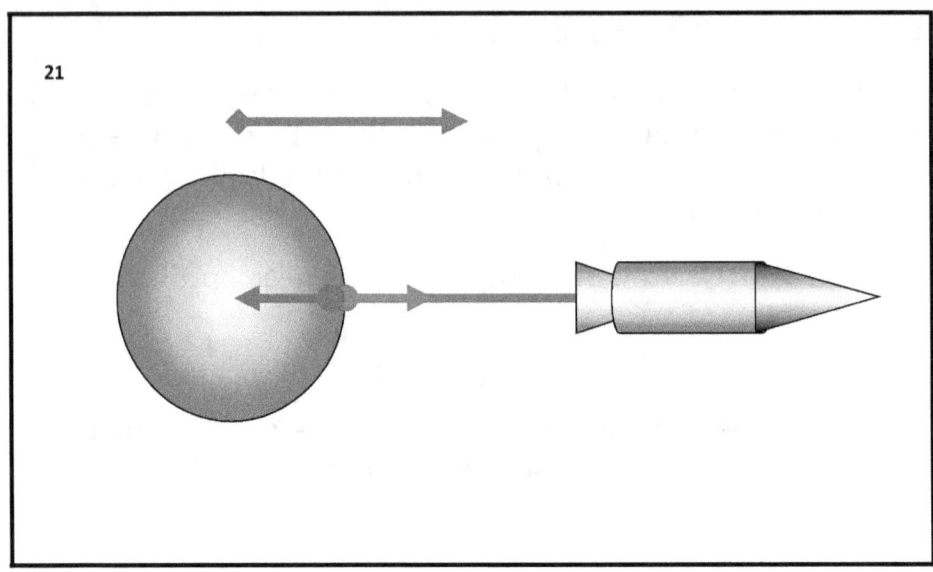

In figuur 21 word die sfeer getoon, en 'n vuurpyl word met 'n tou aan die sfeer vasgemaak. Ons begin die vuurpyl enjin, die vuurpyl trek die tou, en die vuurpyl begin die sfeer trek. Die vuurpyl werk met 'n mate van krag op die sfeer in. Die sfeer begin met versnelling beweeg. Versnelling word met 'n groen pyl gewys. Die rooi pyl is die aksiekrag, die blou is die reaksiekrag. Die krag van aksie en die krag van teenaksie moet gemeet word. Kragte word gemeet met behulp van 'n kragmeter.

Sien Figuur 22.

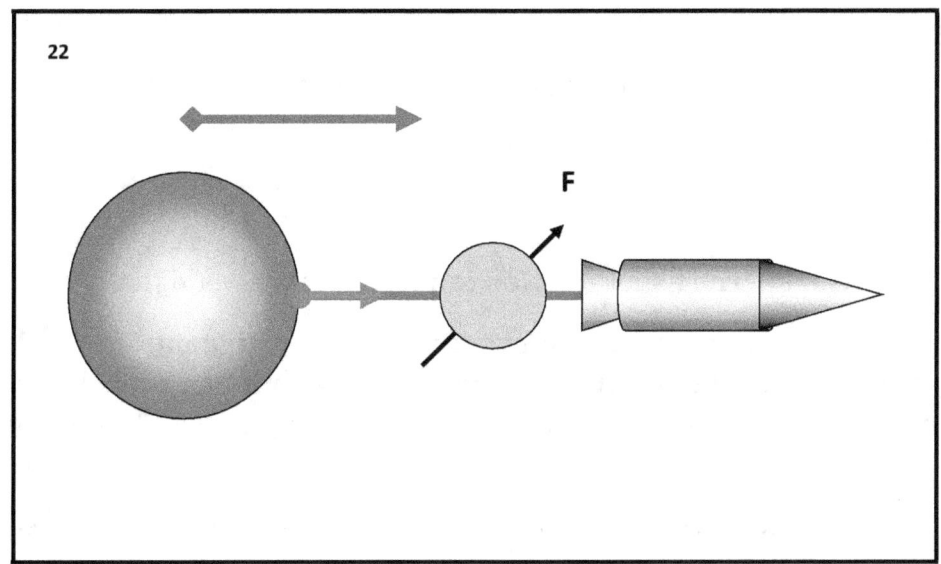

In figuur 22 word die sfeer, die vuurpyl en die tou tussen hulle getoon. 'n Kragmeter word in die middel van die tou geplaas, wat die aksie en teenaksie meet. Die rooi krag is die krag van aksie, die blou krag is die krag van reaksie. Die groen pyl wys die versnelling.

Figuur twee-en-twintig toon die kern van Newton se derde wet.

Die eksperiment wat in figuur agtien getoon word, bewys en verduidelik die bestaan van aksie en teenaksie. Wanneer ons Newton se derde wet ontleed, moet ons die eksperiment wat in hierdie figuur getoon word, en die eksperiment met die drie blou balle voorstel.

7. NEWTON SE GRAVITASIEWET.

Volgens moderne fisika stel Newton se gravitasiewet dat:

Die krag van gravitasie-aantrekking tussen liggame is direk eweredig aan die produk van die twee liggame, en omgekeerd eweredig aan die kwadraat van die afstand tussen die twee liggame.

Anders gestel, die grootte van die gravitasiekrag waarmee twee liggame na mekaar aangetrek word, is gelyk aan die massa van een liggaam maal die massa van die ander liggaam gedeel deur die afstand tussen die twee liggame kwadraat.

Newton se gravitasiewet word geskryf as:

$$F = \frac{M.m}{r^2}.G$$

Waar:

F is die gravitasie-aantrekkingskrag tussen die twee liggame.

M is die massa van die groter liggaam.

m is die massa van die kleiner liggaam.

r is die afstand tussen die middelpunte van die twee liggame.

G is die gravitasiekonstante.

Vanuit 'n filosofiese oogpunt het Newton se derde wet ernstige kritiek ondervind.

Filosofiese kritiek is gerig teen die wyse waarop die verskynsel van krag in moderne fisika gedefinieer word. In moderne fisika is daar twee verskillende wiskundige uitdrukkings vir krag. Die twee wiskundige uitdrukkings is deur Newton gestel.

Die eerste wiskundige uitdrukking word verteenwoordig deur Newton se tweede wet, wat sê dat:

Krag is gelyk aan die produk van massa en versnelling.

$$F = m.a$$

Die tweede wiskundige uitdrukking, verteenwoordig deur Newton se wet, is die krag van gravitasie-aantrekking.

$$F = \frac{M.m}{r^2}.G$$

Die feit dat daar 'n gelykheid tussen swaar en traagheidsmassa is, en Einstein se **beginsel van ekwivalensie** , laat ons toe om 'n gelykheid tussen hierdie twee wiskundige uitdrukkings te vestig. Dit word verkry:

$$F = \frac{M.m}{r^2}.G = m.a$$

Die moontlikheid om hierdie gelykheid op hierdie manier te skryf, vanuit 'n filosofiese oogpunt, is 'n nadeel van moderne fisika. Einstein se beginsel van ekwivalensie legitimeer die wiskundige uitdrukking vir die gelykheid van die twee kragte.

Einstein se ekwivalensiebeginsel speel 'n uiters belangrike rol in moderne fisika.

Einstein se beginsel van ekwivalensie lê in die grondslag van die Algemene Relatiwiteitsteorie.

Einstein se beginsel van ekwivalensie is 'n fundamentele wet waardeur menslike opvattings van die Een Oneindige Realiteit geskep word.

Die ekwivalensiebeginsel is 'n paradigma in die moderne menswetenskap.

8. RELATIEWE BEWEGING TEEN KONSTANTE SNELHEID.

Einstein sê dat die konstante spoed van 'n toetsliggaam afhang van die keuse van **traagheidsverwysingsraamwerk.**

Sien Figuur 23.

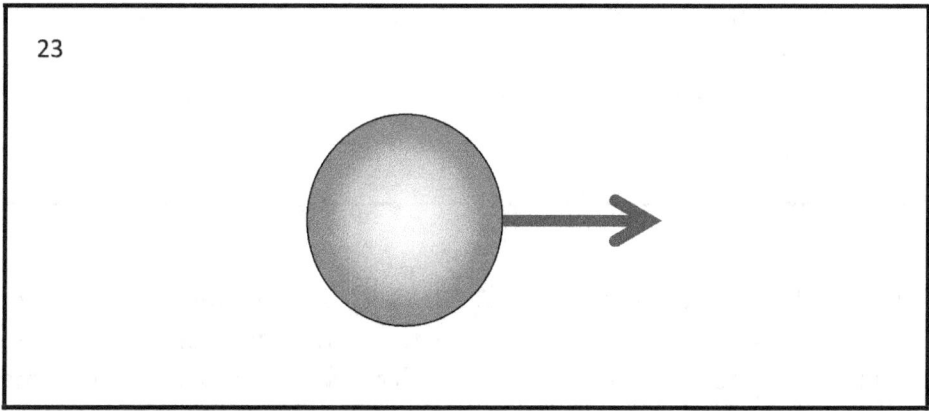

In figuur 23 word 'n sfeer gegee wat **met 'n konstante spoed beweeg**. Die blou pyl wys die rigting en grootte van die konstante snelheid.

Vanuit 'n fisiese oogpunt **beweeg die uitdrukking teen 'n konstante spoed** is onvolledig en onakkuraat omdat geen numeriese waarde van die snelheidsgrootte gegee word nie, en geen koördinaatstelsel word gegee nie.

Die verskynsel van 'n numeriese waarde van **'n grootte** van konstante snelheid het slegs 'n fisiese betekenis wanneer die koördinaatstelsel relatief waarteen die sfeer teen 'n konstante snelheid beweeg, gespesifiseer word.

Sien figuur 24.

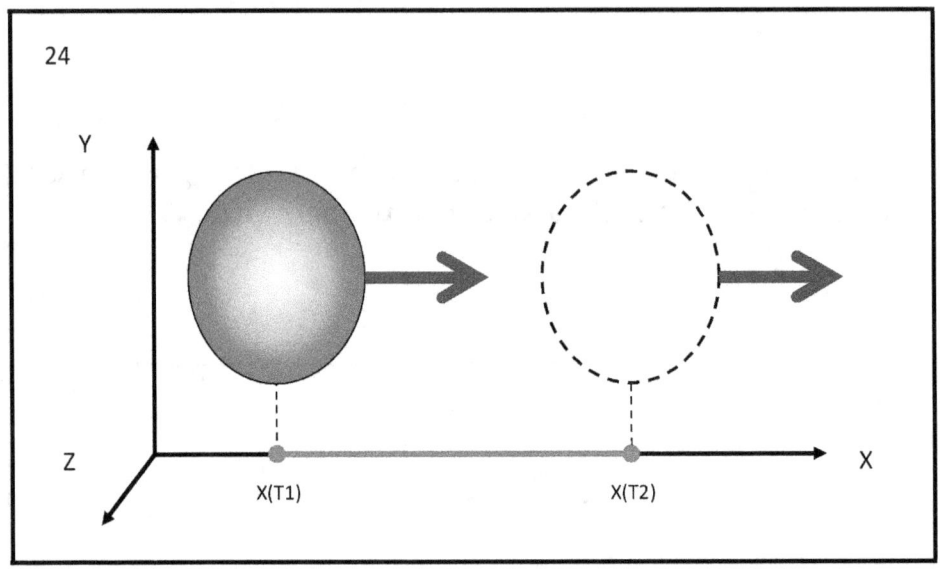

Figuur 24 toon 'n koördinaatstelsel en 'n sfeer wat teen 'n konstante spoed relatief tot die koördinaatstelsel beweeg. Konstante spoed word met 'n blou pyl gewys. In hierdie koördinaatstelsel beweeg die sfeer 'n entjie, in 'n tyd. Die skuif word in rooi gewys. Wanneer ons die verplasing deur die tydinterval deel, kry ons die snelheid van die sfeer relatief tot hierdie koördinaatstelsel. Die lengte van die blou pyl dui die grootte van die konstante snelheid aan. Die grootte van die konstante spoed van die sfeer hang af van die toestand van beweging of rus van enige een spesifiek gekose traagheidsverwysingsraamwerk. As ons 'n ander traagheidskoördinaatstelsel kies, sal die snelheid anders wees.

Sien figuur 25.

EINSTEIN SE DERDE FOUT

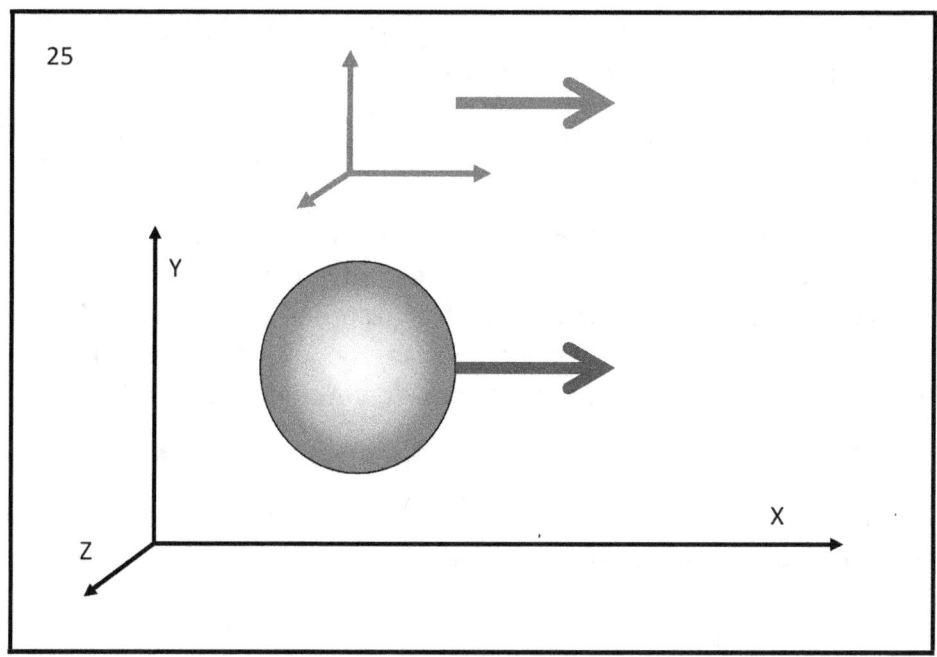

Figuur 25 toon 'n groot koördinaatstelsel gemaak van swart pyle, 'n sfeer wat teen 'n konstante spoed beweeg relatief tot die swart koördinaatstelsel, en 'n klein koördinaatstelsel gemaak van groen pyle. Die groen koördinaatstelsel beweeg teen konstante spoed. Die grootte van die snelheid en die rigting van die snelheid word deur 'n groen pyl getoon. Die groen pyl is gelyk aan die blou pyl. Die sfeer en die groen koördinaatstelsel beweeg, langs mekaar, teen dieselfde konstante spoed, in dieselfde rigting. Die sfeer is dan in rus relatief tot die groen koördinaatstelsel.

Die sfeer is gelyktydig in twee toestande, naamlik in rus relatief tot die groen koördinaatstelsel, en in 'n toestand van beweging, met konstante snelheid, relatief tot die swart koördinaatstelsel.

Die snelheid van die sfeer in die groen koördinaatstelsel is nul, die snelheid van die sfeer in die swart koördinaatstelsel is groter as nul.

Wanneer Einstein sê dat die konstante spoed van 'n toetsliggaam afhang van die keuse van **traagheidsverwysingsraamwerk**, bedoel hy wat ons met die figure getoon het.

Relatiewe konstante snelheid beteken afhanklike konstante snelheid .

Die snelheidsafhanklikheid is relatief tot **die keuse** van die koördinaatstelsel, en hang af van die grootte van die snelheid waarmee **die geselekteerde** koördinaatstelsel beweeg. **Die keuse** van 'n koördinaatstelsel relatief waartoe die **snelheidsmeting gedoen word** , is **die keuse** van 'n ander, verskillende snelheid.

Seleksie en meting is vorme van refleksie wat gerealiseer word deur die proefpersoon wat die spesifieke eksperiment uitvoer .

Vind en sien op die net: "Teorie van refleksie" deur akademikus Todor Pavlov.

Elke eksperimenteerder is 'n subjek in verhouding tot die voorwerp wat in die eksperiment teenwoordig is. Wanneer die subjek eers 'n keuse maak oor die toestand van die objek, dan stel die subjek 'n spesifieke nuwe toestand voor. In die eksperiment wat ons ontleed is daar twee spesifieke toestande, naamlik rus of beweging. Die nuwe staatsvoorstel is 'n konvensievoorstel. 'n Konvensie is 'n kontrak wat bepaal wat waar is en wat nie waar is nie. Die kontrak kan aanvaar word deur die ander navorsers, vakke. Maar dit kan ook verwerp word. Dit word in die wetenskap konvensionaliteit genoem. Filosofies is konvensionaliteit 'n groot probleem in die moderne menswetenskap.

9. ABSOLUTE BEWEGING MET KONSTANTE VERSNELLING.

Albert Einstein sê:

"versnellings en rotasies is absoluut, dit hang nie af van die keuse van die traagheidstelsel nie".

Wat Einstein sê is baie belangrik. Dit moet baie goed verstaan word.

Sien figuur 26.

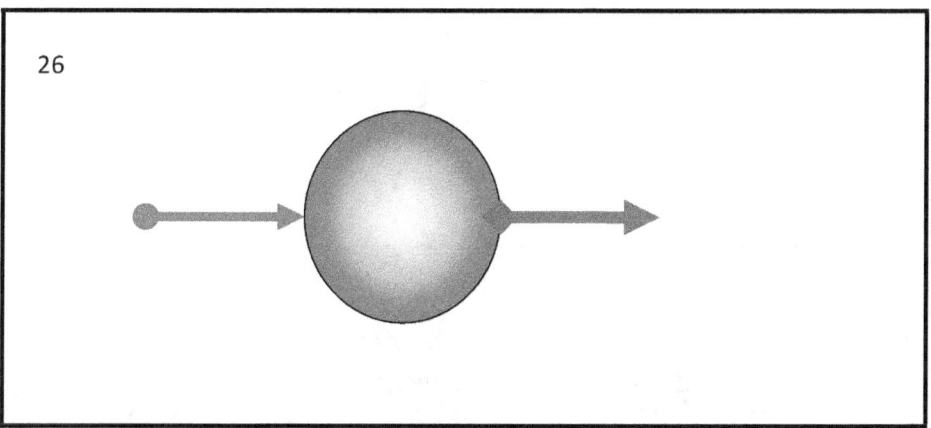

In figuur 26 word 'n sfeer en twee pyle getoon. Die rooi pyl is 'n krag wat die sfeer van links na regs druk. Onder die werking van die rooi krag beweeg die sfeer met versnelling, van links na regs. Die groen pyl wys die rigting en grootte van die versnelling. Geen koördinaatstelsel getoon nie. Dit is nie nodig nie. Omdat die versnelling van die sfeer absoluut is, wat beteken dat die meting van die grootte van die versnelling gedoen kan word sonder dat 'n koördinaatstelsel nodig is. Dit beteken dat die versnelling van die sfeer nie afhang van die keuse van koördinaatstelsel nie. Ons kan enige traagheidskoördinaatstelsel kies en die versnelling van die sfeer relatief tot dit meet. Die grootte van die gemete versnelling sal dieselfde wees, 'n konstante.

Sien figuur 27.

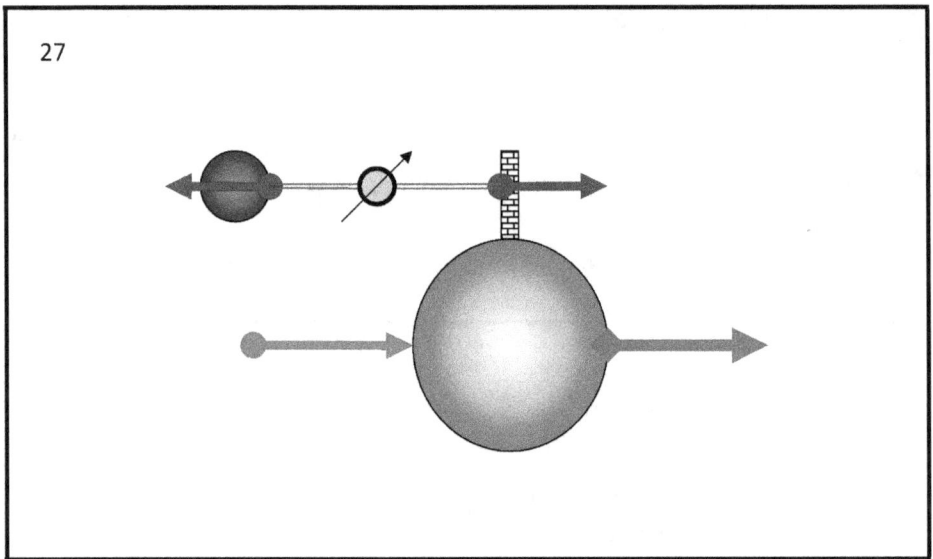

Figuur 27 toon 'n rooi krag wat die sfeer van links na regs druk. Onder die invloed van die krag beweeg die sfeer van links na regs met versnelling. Die rigting en grootte van die versnelling word met 'n groen pyl getoon. 'n Keermuur word aan die boonste punt van die sfeer gemaak. 'n Klein rooi bol word gegee wat met 'n bruin tou aan die muur vasgemaak word. In die middel van die tou word 'n kragmeettoestel, 'n kragmeter, geplaas. Die rooi bol is 'n monsterliggaam wat met 'n verwysingsmassa gekies word. Die muur trek die klein rooi bol, met 'n mate van krag, wat deur 'n pers pyl getoon word. In ooreenstemming met Newton se derde wet, werk die klein rooi sfeer die pers krag teen, met 'n krag wat gelyk is in grootte maar teenoorgestelde in rigting. Die teenmaatreël word met 'n blou pyl gewys. Die kragmeter meet aksie en teenaksie.

Die massa van die rooi verwysingsfeer is bekend, die grootte van die pers krag wat daarop inwerk, is reeds gemeet. Deur Newton se tweede wet te gebruik, word die versnelling van die klein sfeer bereken. Die berekende versnelling van die klein rooi sfeer is gelyk aan die versnelling van die groot sfeer. Dit is net een manier om die versnelling van die groot sfeer te bepaal. Hierdie metode is universeel. Dit is moontlik om verskillende toetsliggame te gebruik om op verskillende plekke op die groot sfeer geplaas te word. Deur hierdie toetsliggame kan ons altyd die krag van aksie en die krag van teenaksie meet, en sodoende die grootte van die krag wat op die spesifieke toetsliggaam inwerk bepaal, waarna ons die versnelling bereken.

Geen koördinaatstelsel word gebruik om die versnelling te bepaal nie. Die metode wat ons gebruik het, toon dat die versnelling **nie afhang** van die koördinaatstelsel, wat teen 'n konstante spoed beweeg, of in 'n toestand van rus is nie.

Dit is hoekom Albert Einstein gesê het:

"versnellings en rotasies is absoluut, onafhanklik van die keuse van traagheidsraamwerk."

Sien figuur 28.

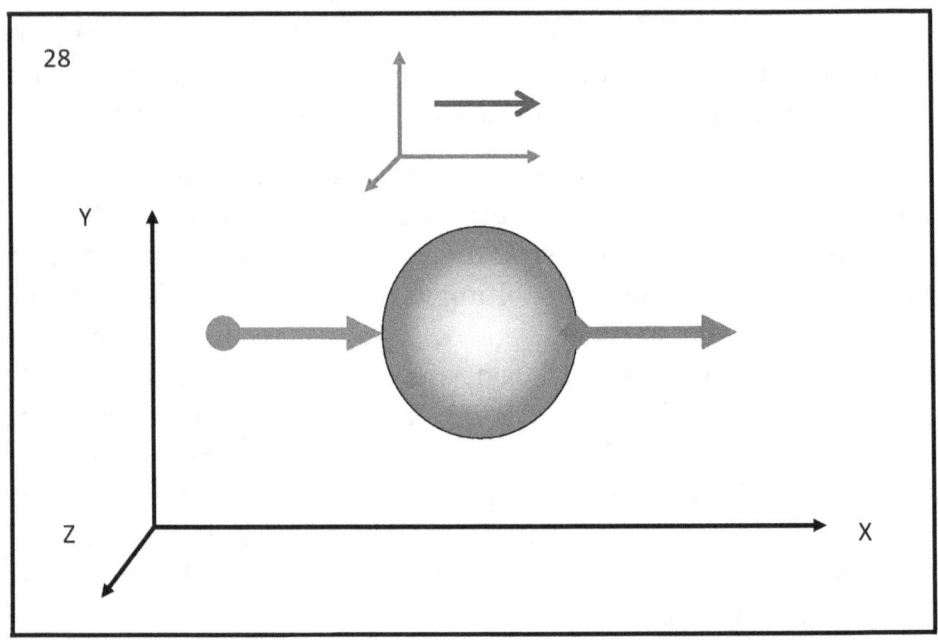

In figuur 28 word 'n koördinaatstelsel van swart pyle gegee, wat in rus is.

'n Klein koördinaatstelsel word gegee, wat met groen pyle gemaak is. Die klein groen koördinaatstelsel beweeg relatief tot die groot swart koördinaatstelsel, teen 'n konstante spoed, eenvormig in 'n reguit lyn. Die grootte van die snelheid en die rigting van die snelheid in die groen koördinaatstelsel word deur die blou pyl getoon.

Gegee 'n sfeer waarop die werking van 'n rooi stoot toegepas word. Onder die werking van die rooi stoot beweeg die sfeer met versnelling. Versnelling word met 'n groen pyl gewys. Die rigting van die rooi krag stem ooreen met die rigting van die groen versnelling. Die lengte van die groen pyl dui die grootte van die versnelling aan.

Die sfeer beweeg met **dieselfde versnelling** relatief tot die groot swart koördinaatstelsel en relatief tot die klein groen koördinaatstelsel. Die groot swart een is in rus, die klein groen een beweeg, maar nietemin is die versnelling van die sfeer dieselfde vir beide koördinaatstelsels. Die rede vir hierdie gelykheid is dat die versnelling absoluut is.

Ek het 'n gedetailleerde bewys van hierdie stelling in The Paradox of the Rod getoon. Deel Ses." Uitgewerhuis E.D.B. Amazon. Hierdie is 'n strokiesprent vir kinders en volwassenes, waarin ek die basiese wette van fisika deur middel van tekeninge voorgestel het.

10. TOESKRYWING VAN TIPES BEWEGINGS.

*****

Filosofiese verduidelikings

Die moderne wetenskap van fisika definieer twee basiese tipes beweging, wat absolute beweging en relatiewe beweging is.

Die konsep van **absoluut** en die konsep van **relatief** is filosofiese kategorieë. In menslike wetenskap is die verband tussen hierdie twee kategorieë onduidelik. In die algemene geval word die absolute en die relatiewe teengestaan, en in 'n posisie van antagonistiese teenstrydigheid geplaas. Hierdie benadering is verkeerd. Die absolute en die relatiewe is in 'n dialektiese eenheid. Die **absolute** kategorie en die **relatiewe kategorie** is 'n paar kategorieë.

Ek stel voor om die idee te gebruik dat die dialektiese verhouding tussen die kategorie **relatief** en die kategorie **absoluut** soos volg is :

Die absolute verwys.

Die relatiewe word absoluut.

Op hierdie manier word hulle ingesluit in die pare kategorieë van Hegel se dialektiek.

*****

Absolute bewegings is welbekend aan moderne fisika. Ek het reeds gesê dat volgens Einstein is beweging met versnelling en rotasiebeweging absolute bewegings. Die verhoudings tussen die verskillende tipes absolute bewegings is uiteenlopend, en dit is nodig om aan 'n algemene filosofiese, dialektiese analise onderwerp te word.

Vir hierdie doel sal ons toepaslike gedagte-eksperimente uitvoer.

Sien figuur 29.

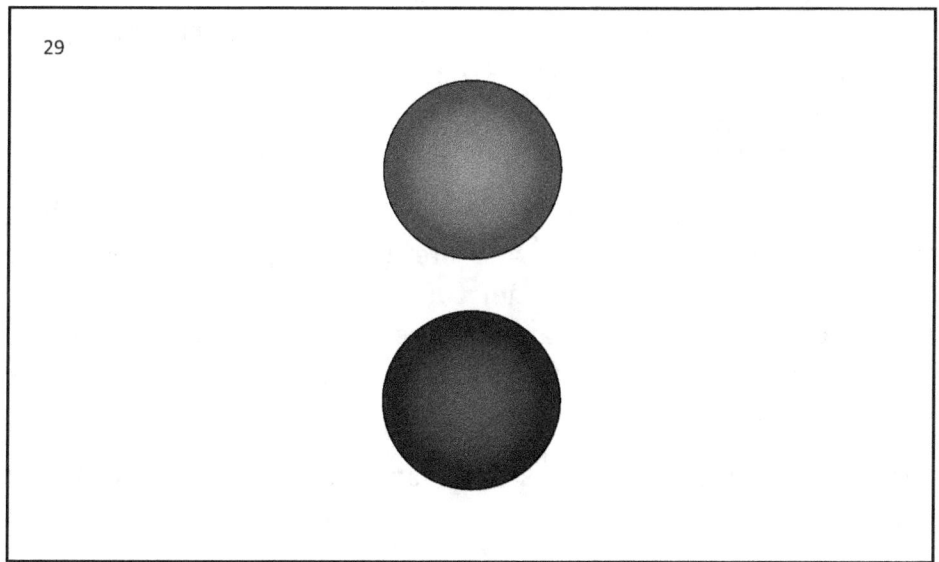

In Figuur 29 word twee sfere getoon. Groen bol en blou bol. Die sfere is ewe groot en het dieselfde massa. Die twee sfere is in **rus relatief tot mekaar** . Geen koördinaatstelsel word in die figuur getoon nie.

*****

Filosofiese opmerkings:

Wanneer ons, die proefpersone wat die eksperiment uitvoer, sê " **in rus relatief tot mekaar** ", beteken dit dat ons, **die proefpersone**, nie 'n koördinaatstelsel nodig het om die toestand van rus tussen die twee sfere te bewys nie.

Dit beteken dat **die voorwerpe** van die eksperiment, wat die twee sfere is, nie 'n koördinaatstelsel nodig het om die rustoestand van die twee sfere te bewys, aan te toon, vas te stel nie.

Geen koördinaatstelsel word in die figuur getoon nie.

Dit beteken dat die rustoestand tussen die twee sfere slegs en uitsluitlik afhang van die twee sfere, en van **die verhouding** van een sfeer tot die ander sfeer. Die fisiese toestande waaronder die verhouding tussen die twee sfere plaasvind, word vooraf gedefinieer deur die proefpersoon wat die eksperiment uitvoer.

Die konsep van **houding** is 'n filosofiese kategorie. Die handeling van **verband** tussen die twee sfere bewys, toon, vestig die toestand van rus wat objektief tussen die twee sfere **bestaan** . Die objektiewe bestaan van die rustoestand, onder spesifieke omstandighede, verabsoluteer die rustoestand tussen die twee sfere. Die korrekte sin is:

Die twee sfere is in 'n toestand van absolute rus **relatief tot mekaar.**

Die toestand van absolute vrede tussen die twee sfere is moontlik deur die verhouding, slegs en slegs, van een sfeer tot die ander sfeer, en omgekeerd.

*****

Ons, die proefpersone wat die eksperiment uitvoer, pas 'n kragaksie toe op die twee sfere wat die onderwerp van die eksperiment is.

Sien Figuur 30.

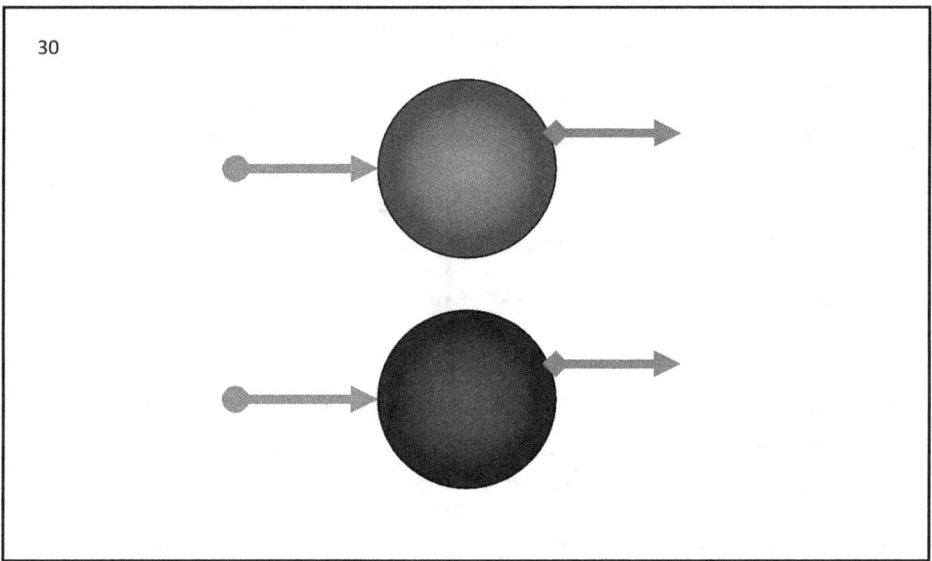

In Figuur 30 kan gesien word dat twee gelyke, rooi, stootkragte op die twee sfere toegepas word. Daar is geen koördinaatstelsel in die figuur nie. Die lengte van die twee rooi pyle is dieselfde.

Die twee stootkragte word gelyktydig op beide sfere toegepas. Die twee sfere begin gelyktydig met versnelling beweeg. Versnelling word met groen pyle getoon. Die versnelling van die twee sfere is dieselfde. Die lengte van die groen pyle is dieselfde.

*****

Filosofiese opmerkings:

Vanuit 'n filosofiese oogpunt is beide sfere onderhewig aan eksperimentering. Die navorsers wat die eksperiment uitvoer, is die onderwerpe van die eksperiment. Ons proefpersone neem die beweging van die sfere waar en ontleed. Waarneming, meet en ontleding is vorme van **refleksie** . **Refleksie** is 'n filosofiese kategorie wat ons in die definisieraamwerk gespesifiseer het. Die subjek se weerkaatsing van die objek is altyd subjektief.

Sien op die internet: Akademikus Todor Pavlov, "Teorie van refleksie".

Ons het gesê dat die twee sfere relatief tot mekaar rus.

In die figuur word twee verskillende verskynsels tegelykertyd **waargeneem en weerspieël** .

Die eerste verskynsel is dat die twee sfere **beweeg absoluut** , met dieselfde **versnelling** , langs mekaar, in dieselfde rigting.

Die tweede verskynsel is dat die twee sfere in 'n toestand van **relatiewe rus** relatief tot mekaar is. Dit is twee verskillende verskynsels wat gelyktydig waargeneem word.

Ons het reeds verduidelik dat ons nie 'n koördinaatstelsel nodig het om hierdie twee verskynsels te vestig nie.

*****

Ek het reeds gesê dat Einstein op 11 Julie 1923 'n toespraak in Göteborg gehou het, voor die vergadering van natuurkundiges uit die noordelike lande.

In hierdie verslag sê Einstein:

"**In klassieke meganika is die onderskeid tussen versnelde en onversnelde bewegings absoluut. Daar is slegs relatiewe snelhede na gelang van die keuse van traagheidsraamwerk, en versnellings en rotasies is absoluut, onafhanklik van die keuse van traagheidsraamwerk.**"

Vanuit 'n filosofiese oogpunt is hierdie stelling van Einstein onderhewig aan ernstige kritiek.

Die kritiek kom daarop neer dat ons in die eksperiment wat ons uitvoer, die verskynsel waarneem **van relatiewe rus** van twee sfere wat met **absolute versnelling beweeg**.

'n Vraag ontstaan:

Waarom, tot nou toe, is daar in die menswetenskap nie spesifiek opgemerk dat daar 'n toestand van relatiewe rus is tussen twee dinge wat met absolute versnelling beweeg nie? Dit is myns insiens 'n fundamenteel belangrike verskynsel.

Ons sal hierdie feit gebruik om 'n hipotese te skep.

Sien Figuur 31.

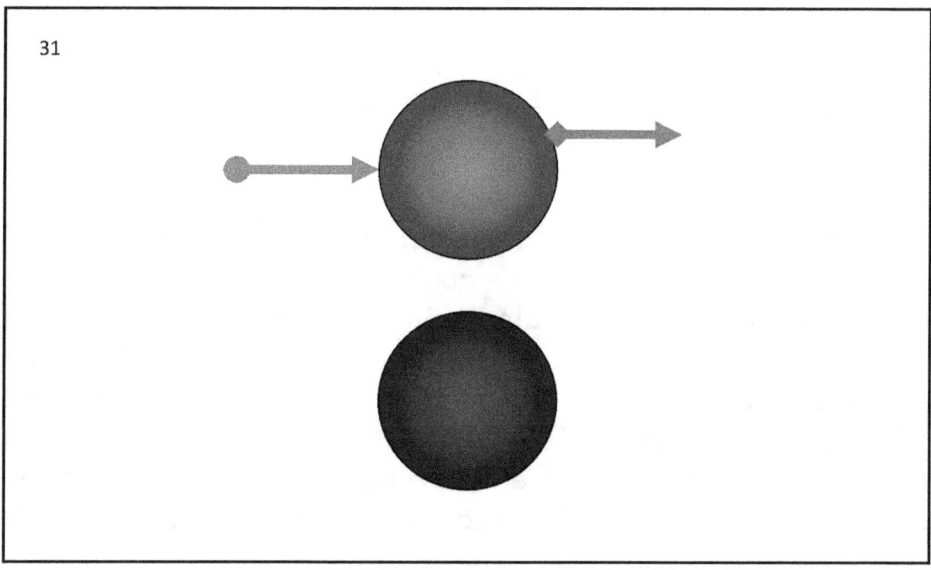

In figuur 31 word die twee sfere gegee. Die blou sfeer is in rus. 'n Rooi stoot word op die groen sfeer toegepas. Die rooi sfeer begin beweeg met versnelling relatief tot die blou sfeer. Die rigting van die versnelling word deur 'n groen pyl aangedui. Die grootte van die rooi krag is sodanig dat die groen sfeer beweeg met 'n versnelling van een meter per sekonde kwadraat. Versnellingsbeweging van die groen sfeer word gedoen relatief tot die blou sfeer. Om die versnellende beweging van die groen sfeer te bewys, het nie 'n koördinaatstelsel nodig nie. Geen koördinaatstelsel word in die figuur getoon nie.

Die groen sfeer beweeg met 'n versnelling van een meter per sekonde kwadraat, en dan sal die pad wat die groen sfeer neem op 'n sekere manier toeneem.

Sien Figuur 31.

31								
T	0	1	2	3	4	5	6	7
S	0	0,5	2	4,5	8	12,5	18	24,5

In figuur 31 word 'n tabel getoon vir die afgelegde afstand afhangende van die tyd. Die boonste horisontale ry van die tabel toon die tyd sedert die begin van die beweging, gemeet in sekondes. Die onderste horisontale ry van die tabel toon die afstand afgelê, gemeet in meter. Die tyd neem toe van nul sekondes tot sewe sekondes. Die pad styg van nul meter tot vier-en-twintig meter, en vyftig sentimeter. Die pad wat deur die groen sfeer gereis word, word relatief tot die blou sfeer gemeet.

Die beweging van die groen sfeer word grafies soos volg voorgestel.

Sien Figuur 32.

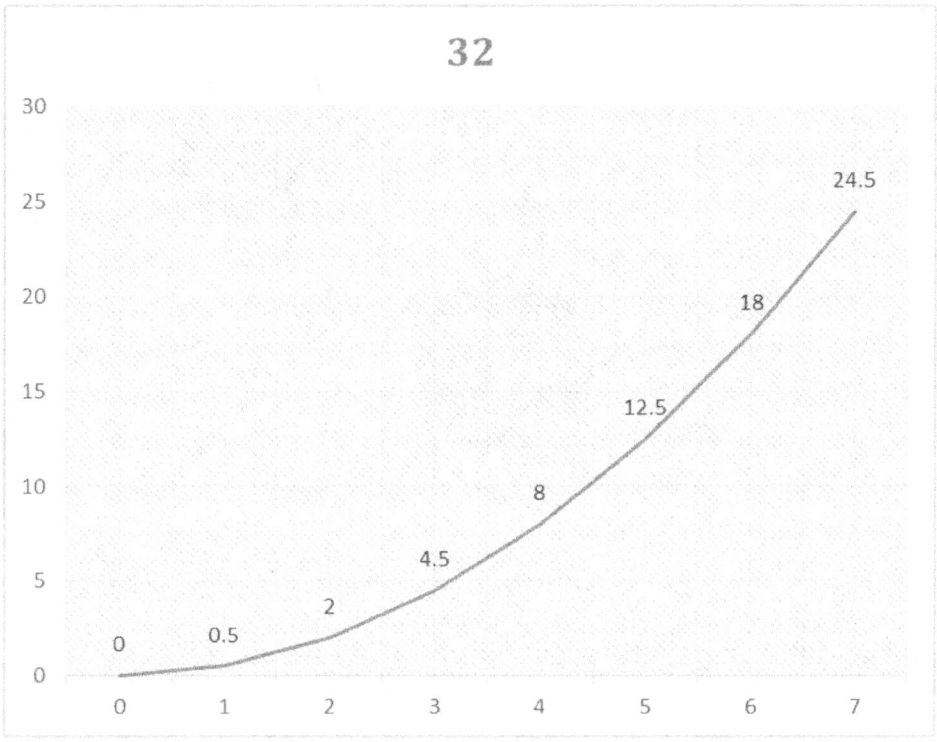

In figuur 32 word die bewegingsgrafiek van die groen sfeer getoon. Die vertikale as van die koördinaatstelsel toon die afstand afgelê. Die horisontale as van die koördinaatstelsel toon die oomblikke van tyd, van nul sekondes tot sewe sekondes. Uit die figuur kan gesien word dat die bose grafiek vanaf nul sekondes begin en aan die einde van die sewende sekonde eindig. Kyk na die grafiek.

Een sekonde nadat die groen bol begin het, pas ons 'n rooi stoot op die blou bol.

Sien Figuur 33.

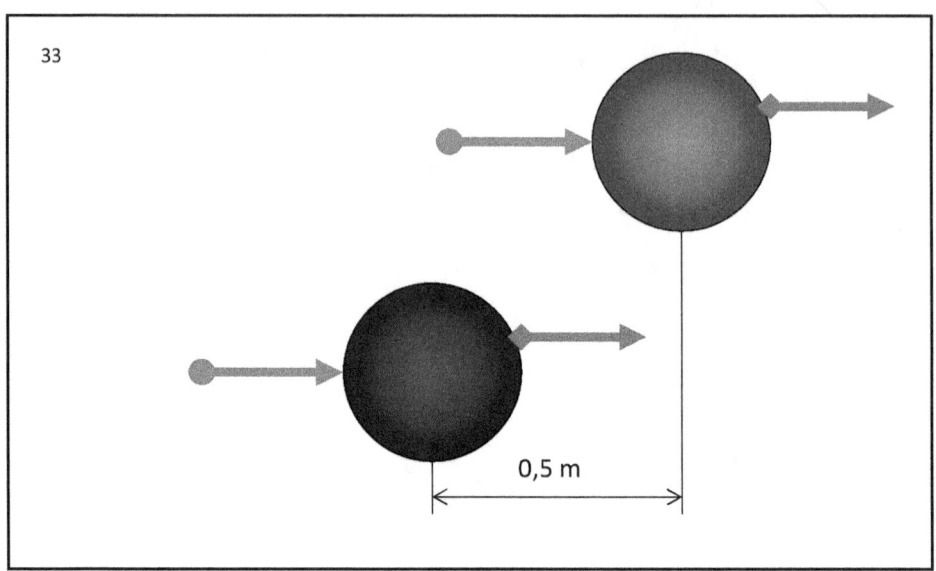

In Figuur 33 word getoon dat die groen bol steeds 'n rooi stoot het, en dat die blou bol ook reeds 'n rooi stoot toegepas het.

Die blou sfeer begin beweeg met 'n versnelling van een meter per sekonde kwadraat. Die werking van die rooi stoot op die blou bol word een sekonde na die begin van die groen bol toegepas. In een sekonde het die groen sfeer met 'n halwe meter van die blou sfeer wegbeweeg. Dit word in die figuur getoon. Die pad wat deur die blou sfeer in 'n gegewe tyd gereis word, is dieselfde as die pad van die blou sfeer, maar met 'n vertraging van een sekonde.

Sien figuur 34.

34								
$T_{n=1\div 7}$	1 sec	2 sec	3 sec	4 sec	5 sec	6 sec	7 sec	8 sec
S	0 m	0,5 m	2 m	4,5 m	8 m	12,5	18 m	24,5

Figuur 34 toon die blou sfeer se bewegingstabel. Die boonste ry wys die tydpunte, die onderste ry wys die afgelegde afstande. Die blou sfeer beweeg vir sewe sekondes. Om sekondes te tel begin aan **die einde van die eerste sekonde** en eindig aan die einde van die agtste sekonde. Ek sê dit omdat die tabel agt sekondes wys, maar die blou sfeer is in rus tot die einde van die eerste sekonde. Uit die tabel kan gesien word dat in die eerste sekonde van die tel van die tyd, die afstand afgelê nul meter is. Die blou sfeer begin sy beweging aan die begin van die tweede sekonde, en beweeg tot die einde van die agtste sekonde. Dit is sewe sekondes. In daardie sewe sekondes beweeg die blou sfeer 'n afstand van vier-en-twintig meter en vyftig sentimeter. Die beweging van die blou sfeer word grafies voorgestel.

Sien figuur 35.

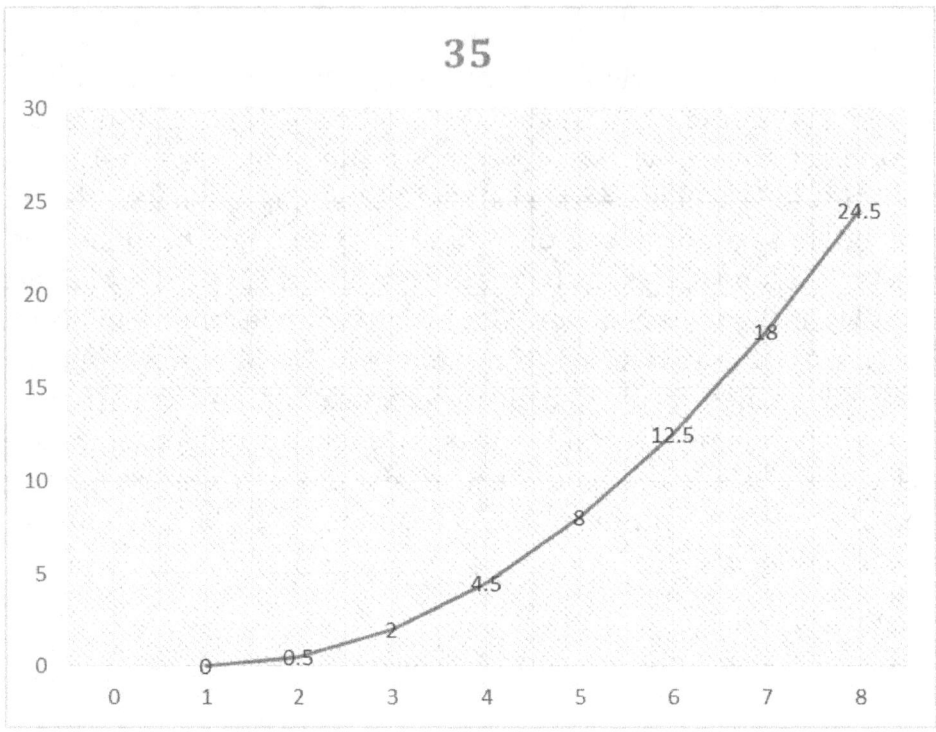

Figuur 35 toon dat die blou sfeer 'n sekonde later as die groen sfeer begin beweeg het. Die grafiek toon dat die beweging van die blou sfeer aan die einde van die eerste sekonde begin en aanhou tot aan die einde van die agtste sekonde. Die blou grafiek begin by tweede een en gaan op na tweede agt. Kyk na die grafiek.

Die beweging van die twee sfere word grafies soos volg voorgestel:

Sien Figuur 36.

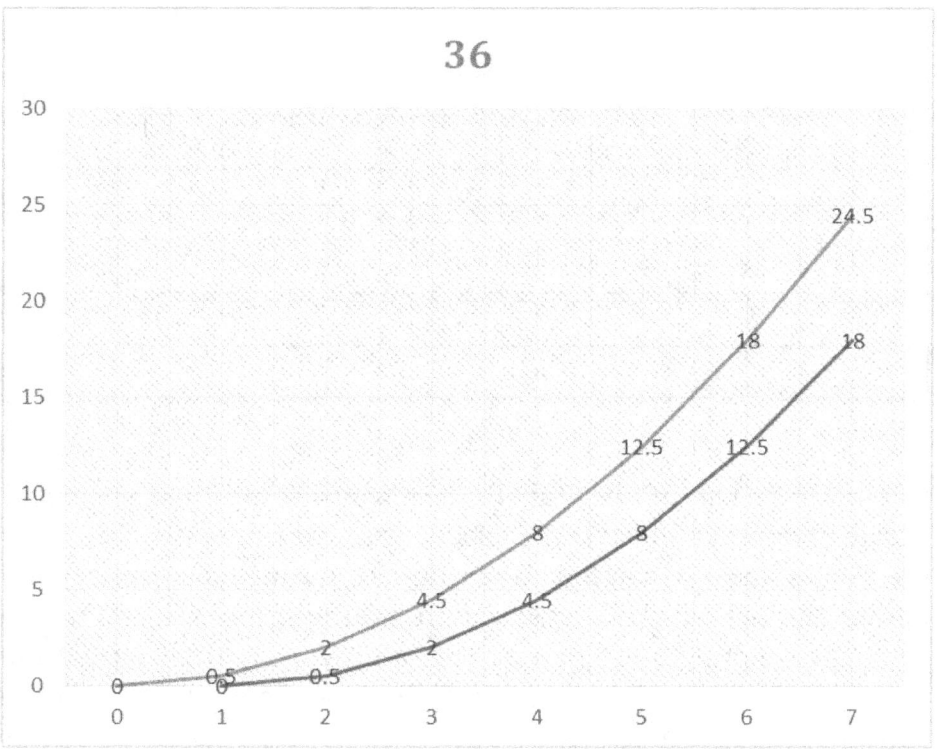

Figuur 36 toon grafies die gelyktydige beweging van die twee sfere.

Uit die grafiek kan gesien word dat die groen sfeer sy beweging begin op tyd nul sekondes en dat die blou sfeer sy beweging begin op tyd een sekonde.

Ons sal die pad wat deur die blou sfeer gereis word vergelyk met die pad wat deur die groen sfeer gereis word.

Sien figuur 37.

37									
$T_{n=1\div7}$	0	1	2	3	4	5	6	7	
S	0	0,5	2	4,5	8	12,5	18	24,5	
	$T_{n=1\div7}$	1	2	3	4	5	6	7	
	S	0	0,5	2	4,5	8	12,5	18	

In Figuur 37 kan jy twee tabelle sien wat bokant mekaar geplaas is. Die boonste tafel is vir die groen sfeer, die onderste tabel is vir die blou sfeer. Die tafels is asimmetries bo mekaar geplaas. Die onderste tabel word na regs geskuif, en die afstand afgelê na die sewende sekonde word gewys. Die tafel word geskuif omdat die blou sfeer sy beweging met versnelling een sekonde later as die groen sfeer begin het.

Ons sal dop hoe die afstand tussen die twee sfere verander.

Op die tweede sekonde ná die begin van die versnellingsbeweging is die groen sfeer twee meter van die begin van sy beweging af. Kyk na die rooi twee meter. Die tweede sekonde van die groen sfeer is die eerste sekonde van die blou sfeer, en dit is geleë op 'n afstand van 'n halwe meter vanaf die begin van die versnellingsbeweging. Kyk na die rooi halwe meter. Daarom is die projeksie van die afstand tussen die twee sfere aan die einde van die tweede sekonde vanaf die begin van die eksperiment gelyk aan twee meter minus 'n halwe meter, wat een en 'n half meter is.

Sien figuur 38.

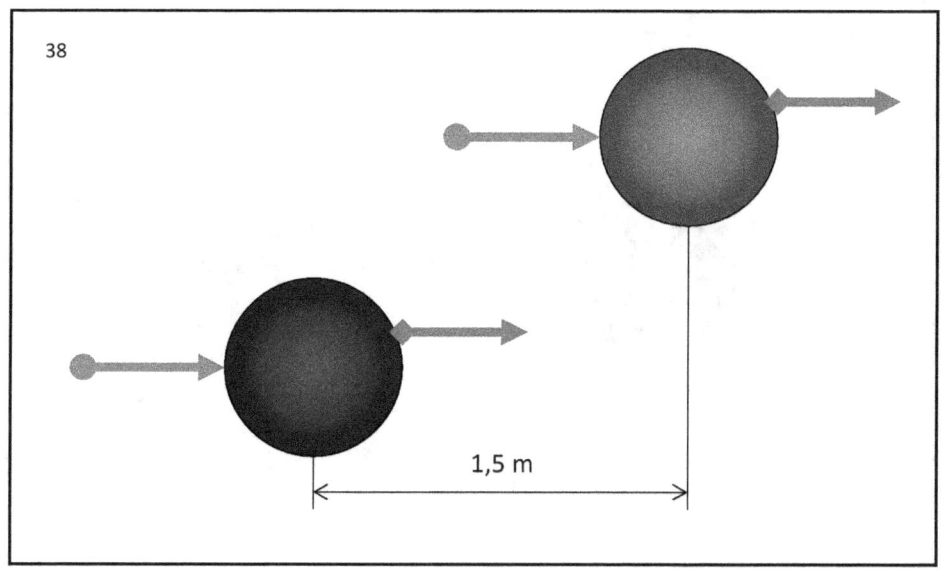

38

die projeksie van die afstand tussen die twee sfere aan die einde van die tweede sekonde getoon . Ons verander die voorwaardes van die eksperiment. Ons plaas die twee sfere op 'n reguit lyn. Die rigting van die reguit lyn val saam met die rigting van beweging met versnelling. Die afstandprojeksie val dus saam met die afstand.

Sien figuur 39.

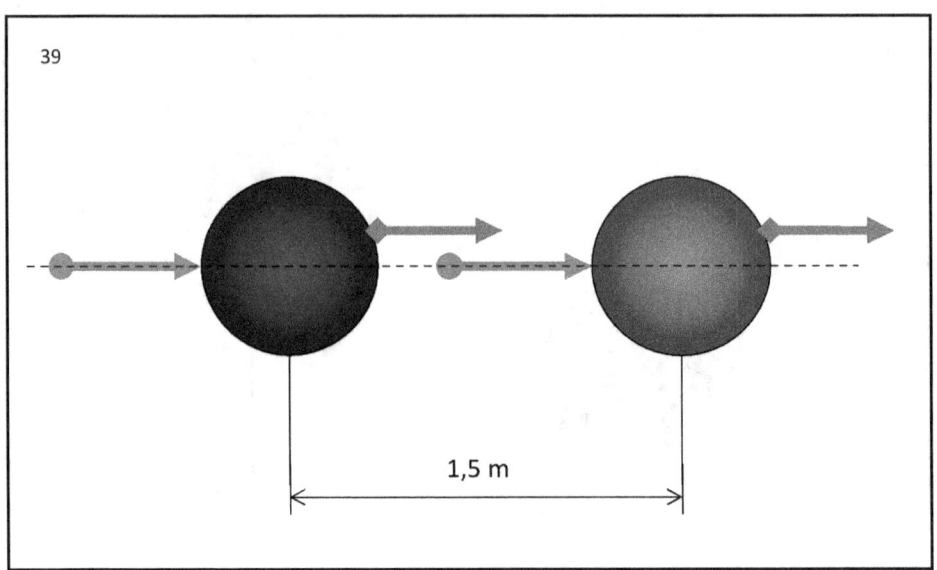

In figuur 39 word getoon dat die sfere in 'n reguit lyn geleë is en een na die ander beweeg. Op hierdie manier bepaal ons direk die afstand tussen die twee sfere.

Die figuur wys dat die afstand aan die einde van die tweede sekonde: (2-0,5=1,5) meter is.

Aan die einde van die derde sekonde is die afstand: (4,5-2=2,5) meter.

Aan die einde van die vierde sekonde is die afstand: (8-4,5=3,5) meter.

Aan die einde van die vyfde sekonde is die afstand: (12,5-8=4,5) meter.

Aan die einde van die sesde sekonde is die afstand: (24,5-18=5,5) meter.

Uit die berekeninge wat ons gemaak het, kan gesien word dat die afstand tussen die sfere voortdurend toeneem, en verander van (1.5) een en 'n half meter, toeneem na (2.5) twee en 'n half meter, dan (3.5) drie en 'n half , en (4,5)vier en 'n half, en vyf en 'n half

(5,5).

Elke sekonde vermeerder die afstand tussen die sfere met een meter.

Dit beteken dat die sfere **eenvormig in 'n reguit lyn beweeg**, relatief tot mekaar, teen 'n spoed gelykstaande aan een meter per sekonde.

Die resultate in die tabel kan grafies aangebied word.

Sien Figuur 40.

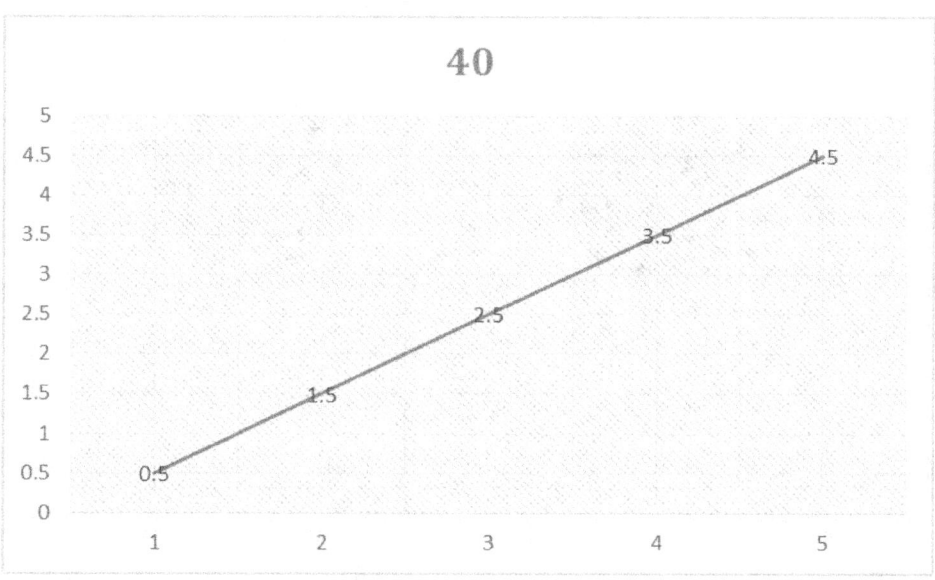

Figuur 40 wys hoe die afstand tussen die blou sfeer en die groen sfeer met tyd verander.

Die grafiek toon dat die twee sfere relatief tot mekaar beweeg, eenvormig en in 'n reguit lyn teen 'n spoed van een meter per sekonde.

Nou ontstaan die vraag: Is dit moontlik om 'n eksperiment te doen wat 'n ander spoed tussen die twee sfere toon?

Die antwoord is ja, dit is moontlik.

Om dit te doen, verander ons die voorwaardes van die gedagte-eksperiment wat ons uitvoer. Ons verhoog die vertragingstyd van die begin van die blou sfeer. Ons pas 'n kragaksie op die blou sfeer toe, met 'n vertraging gelykstaande aan twee sekondes, na die begin van die groen sfeer.

Sien figuur 41.

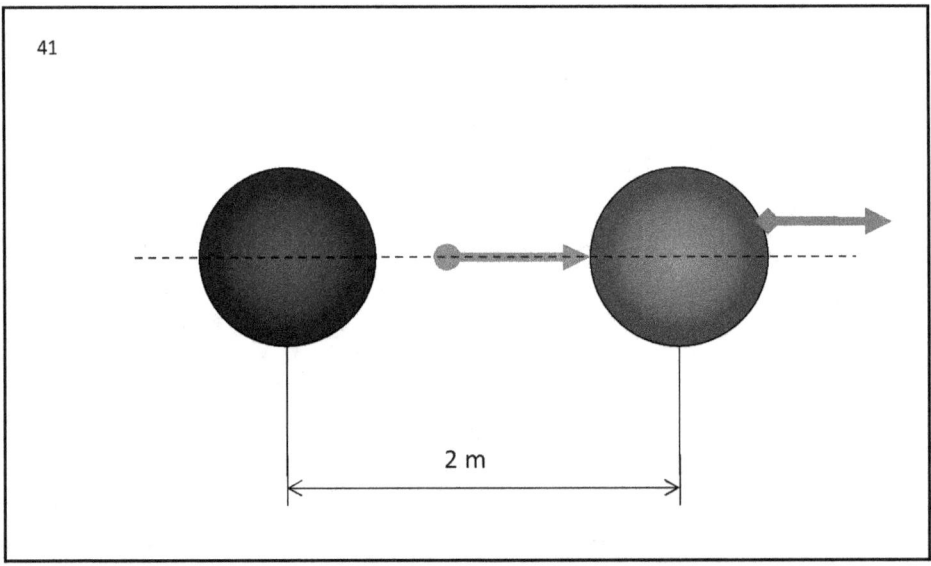

In Figuur 41 word die blou sfeer in rus getoon. 'n Rooi stoot word op die groen sfeer toegepas. Die groen sfeer beweeg met 'n versnelling van een meter per sekonde kwadraat. Twee sekondes na die wegspring sal die groen sfeer 'n afstand van twee meter aflê.

Sien figuur hierbo, en sien figuur onder 42.

42

$T_{n=1 \div 7}$	0 sec	1 sec	2 sec	3 sec	4 sec	5 sec	6 sec	7 sec
S (m)	0 m	0,5 m	2 m	4,5 m	8 m	12,5	18 m	24,5

In figuur 42 word die tabel getoon van die afstand wat die groen sfeer aflê, afhangende van die tyd. Die bewegingsgrafiek van die groen sfeer is dieselfde as in die eerste geval.

Sien figuur 43.

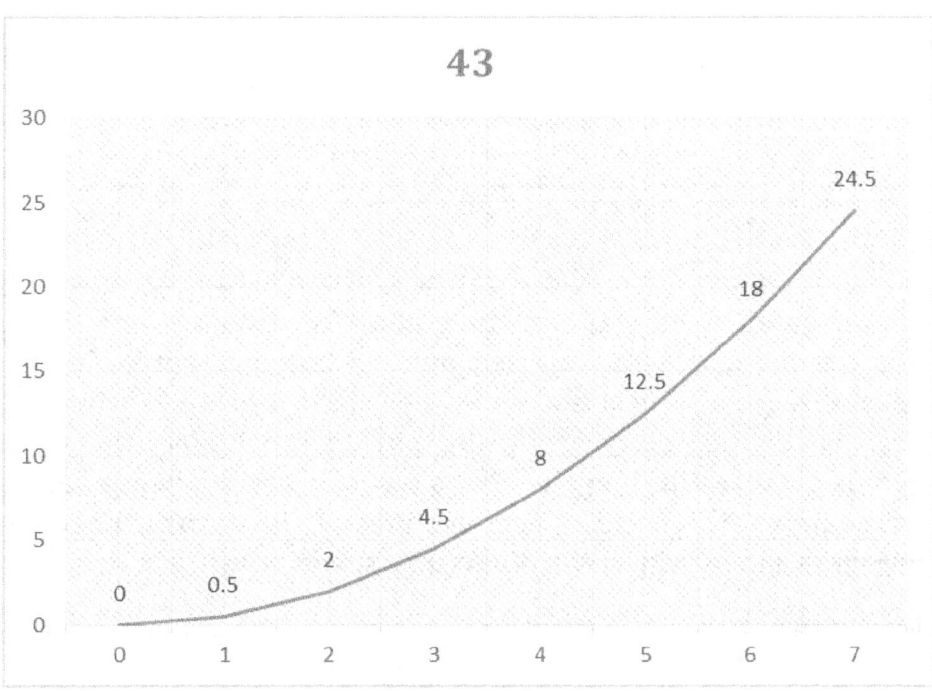

In Figuur 43 kan gesien word dat die groen sfeer sy beweging by nul sekondes begin en versnel tot aan die einde van die sewende sekonde.

Aan die einde van die tweede sekonde, vanaf die begin van die groen sfeer se beweging, is die afstand tussen die sfere twee meter, en dan pas ons 'n rooi stoot op die blou sfeer toe.

Sien Figuur 44.

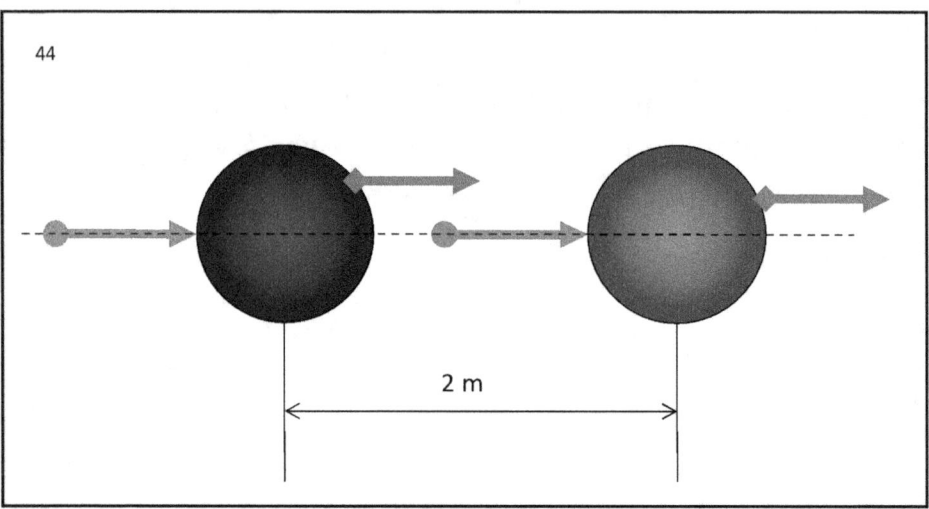

In Figuur 44 kan gesien word dat twee sekondes na die lansering van die groen sfeer, wanneer die groen sfeer twee meter van die blou sfeer is, 'n rooi stoot op die blou sfeer toegepas word. Die blou sfeer beweeg na die groen sfeer. Die bewegingsrigting van die blou sfeer pas by die bewegingsrigting van die groen sfeer. Die twee sfere is op 'n reguit lyn geleë. Die blou sfeer begin beweeg met 'n versnelling van een meter per sekonde kwadraat, maar begin sy beweging aan die einde van die tweede sekonde.

Sien figuur 45

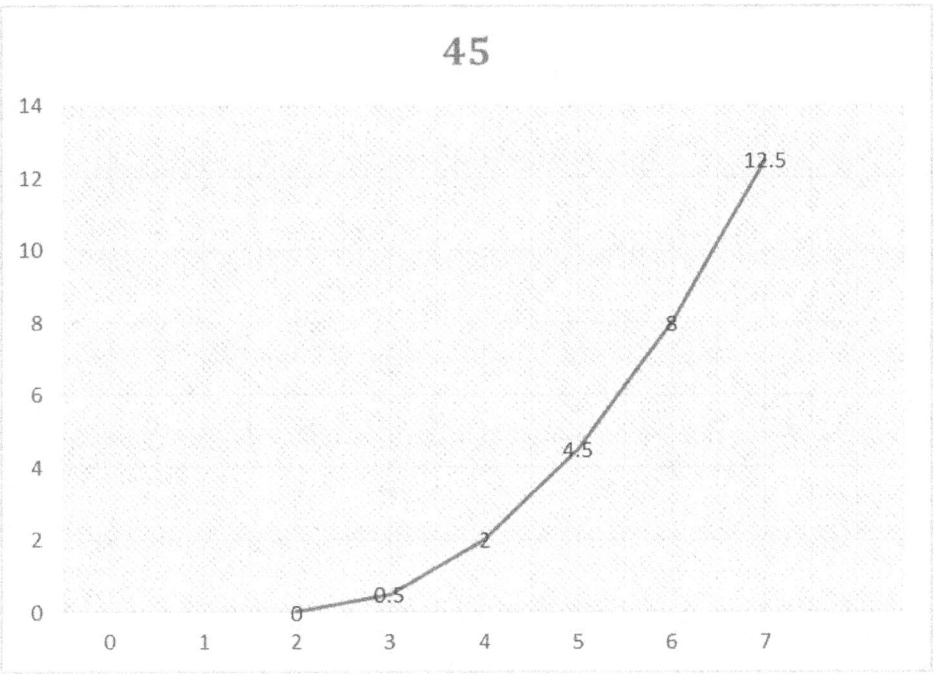

In figuur 45 word die bewegingsgrafiek van die groen sfeer getoon. Die grafiek toon dat die blou sfeer sy beweging by tweede twee begin, en beweeg tot aan die einde van tweede sewe.

Sien figuur 46.

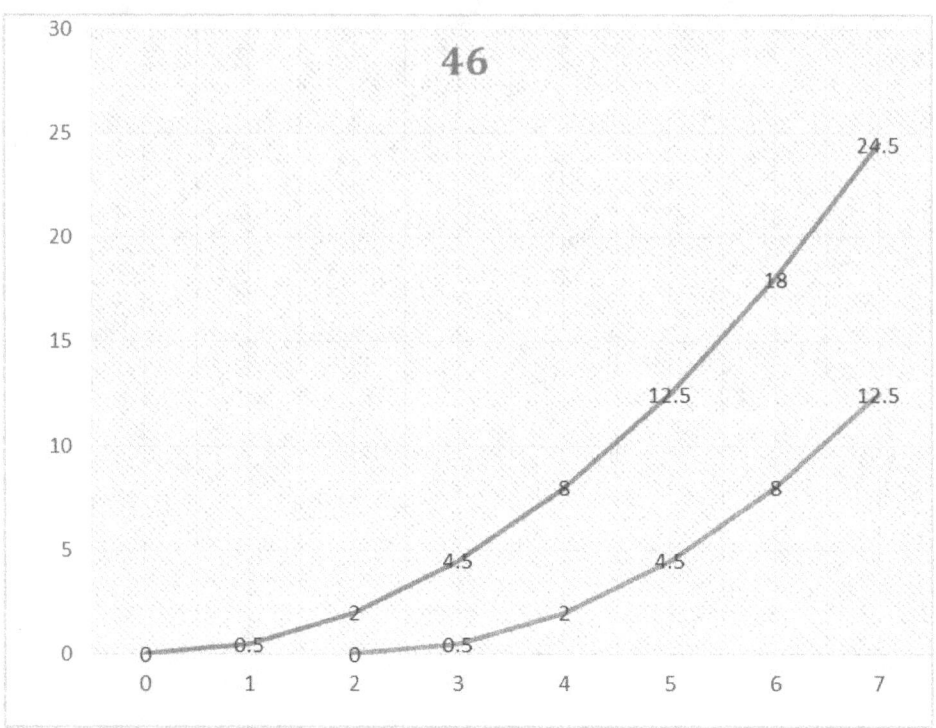

In figuur 46 word die beweging van die twee sfere grafies getoon. Blou begin beweging met versnelling by tweede nul, en eindig by tweede sewe. Groen begin by tweede twee, en eindig by tweede sewe.

Ons vergelyk die pad- en tydtabelle van die twee sfere.

Sien figuur 47.

47

$T_{n=1\div7}$	0 sec	1 sec	2 sec	3 sec	4 sec	5 sec	6 sec	7 sec
S (m)	0 m	0,5 m	2 m	4,5 m	8 m	12,5	18 m	24,5

			$T_{n=1\div7}$	2 sec	3 sec	4 sec	5 sec	6 sec	7 sec
			S (m)	0 m	0,5 m	2 m	4,5 m	8 m	12,5

In Figuur 47 word twee tabelle getoon. Die tabel hierbo is op die groen bol. Die onderkant van die blou bol. Die tabelle word so verskuif dat die pad- en tydresultate op die groen sfeer vergelyk word met die resultate op die blou sfeer.

Die afstand tussen die twee sfere neem soos volg toe:

Aan die einde van die tweede sekonde is die afstand (2-0=2) twee meter.

Aan die einde van die derde sekonde is die afstand (4,5-0,5=4) vier meter

Aan die einde van die vierde sekonde is die afstand (8-2=6) ses meter.

Aan die einde van die vyfde sekonde is die afstand (12,5-4,5=8) agt meter.

Aan die einde van die sesde sekonde is die afstand (18-8=10) tien meter.

Aan die einde van die sewende sekonde is die afstand (24.5-12.5=12) twaalf meter.

Elke opeenvolgende kunda, die afstand tussen die twee sfere verhoog met twee meter. Dit beteken dat die twee sfere relatief tot mekaar beweeg teen 'n spoed van twee meter per sekonde.

Sien figuur 48.

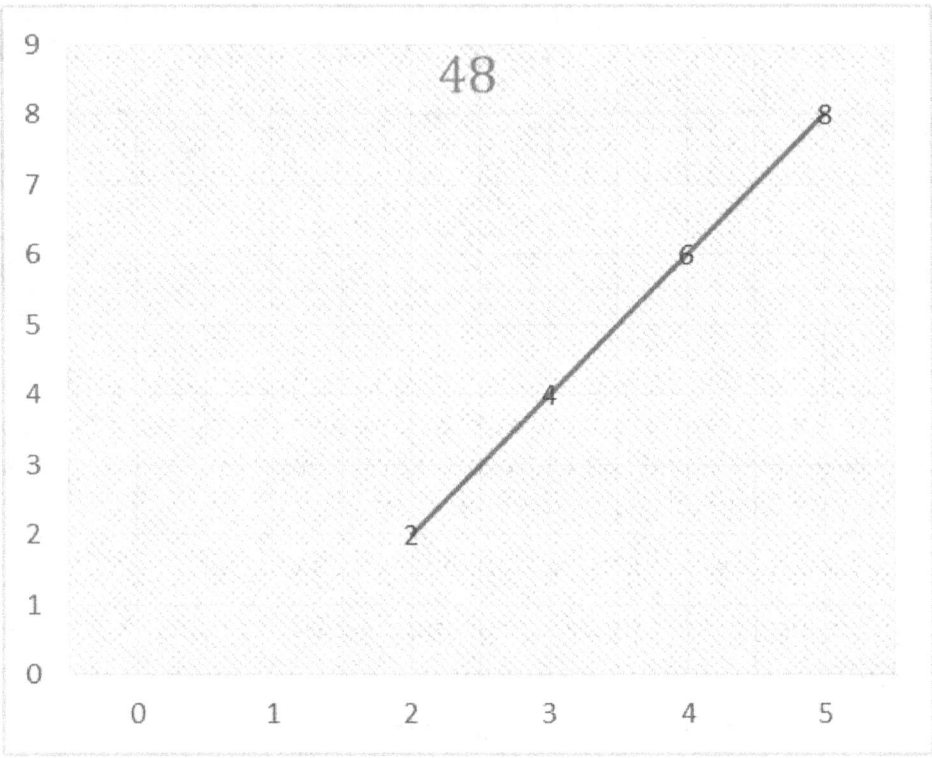

In figuur 48 word eenvormige reglynige beweging van die twee sfere relatief tot mekaar getoon. Die groen sfeer beweeg relatief tot die blou een teen 'n spoed van twee meter per sekonde.

Die beweging begin by tweede twee en eindig by tweede sewe.

Ons het eksperimente gedoen wat toon dat ons in 'n posisie is om verskillende relatiewe snelhede tussen die twee sfere te verkry. Hierdie resultaat stel ons in staat om 'n natuurwet af te lei wat sê dat:

Eenvormige reglynige beweging tussen twee fisiese liggame kan

altyd voorgestel word as beweging met versnelling van hierdie twee fisiese liggame.

Dit beteken dat enige **relatiewe beweging** voorgestel kan word deur **absolute beweging** met versnelling.

Vanuit 'n filosofiese oogpunt is die laaste oordeel vreemd, en benodig verdere ontleding, en relevante gevolgtrekkings en gevolgtrekkings. Die gevolgtrekkings wat gemaak word, sal bydra tot die verryking van sommige van die filosofiese kategorieë. Dit sal op 'n later stadium in die navorsingsproses wat ons doen gedoen word.

11. SENSASIE VAN DIE WERKING VAN KRAG.

In die werklikheid rondom ons is daar nog 'n feit waaraan ons spesiale aandag moet gee. Ons praat van die verskynsel van "sensasie van versnelling" en "sensasie van kragaksie", wat in een gekombineer kan word, 'n verskynsel wat aangewys word as "sensasie van kragaksie en beweging met versnelling". Dit is deel van elke mens se alledaagse lewe, daarom is dit altyd vir almal duidelik dat wanneer die trein begin, die passasiers daarin dit "voel" deur die stoot wat hulle op die eerste oomblik ontvang en die krag wat daarna inwerk, wat die teenoorgestelde rigting van die reisrigting. In hierdie geval is niemand verbaas dat die sittende passasiers se rug teen die rugleunings van die trein gedruk word nie.

Die rede vir hierdie verskynsel is die traagheidskrag, wat soms die fiktiewe krag genoem word.

Alles wat tot dusver gesê is, stem ooreen met Newton se derde wet, wat bepaal dat daar vir elke aksie 'n gelyke en teenoorgestelde reaksie is.

By hierdie oorwegings moet ons Newton se tweede wet voeg, waaruit dit duidelik is dat wanneer 'n liggaam wat 'n mate van massa het 'n krag werk in, die liggaam begin beweeg met versnelling.

En inderdaad, treinpassasiers verstaan dadelik, met 'n blik by die venster uit, dat hulle teen 'n toenemende spoed beweeg, wat konstante versnelling is.

Ons skei doelbewus "sensasie van kragaksie en beweging met versnelling" in 'n onafhanklike verskynsel met sy eie wese wat ons moet verstaan.

Die vraag ontstaan, wat is die oorsaak van die verskynsel "sensasie van kragaksie en beweging met versnelling"? Die antwoord op die vraag wat ons gee is dat die verskynsel van "sensasie van kragaksie en beweging met versnelling" die resultaat is van die **komplekse werking van Newton se tweede en derde wette**.

Oorweeg nou 'n hysbak wat passasiers in het, en ongelukkig breek die tou een of ander tyd.

Sien figuur 49.

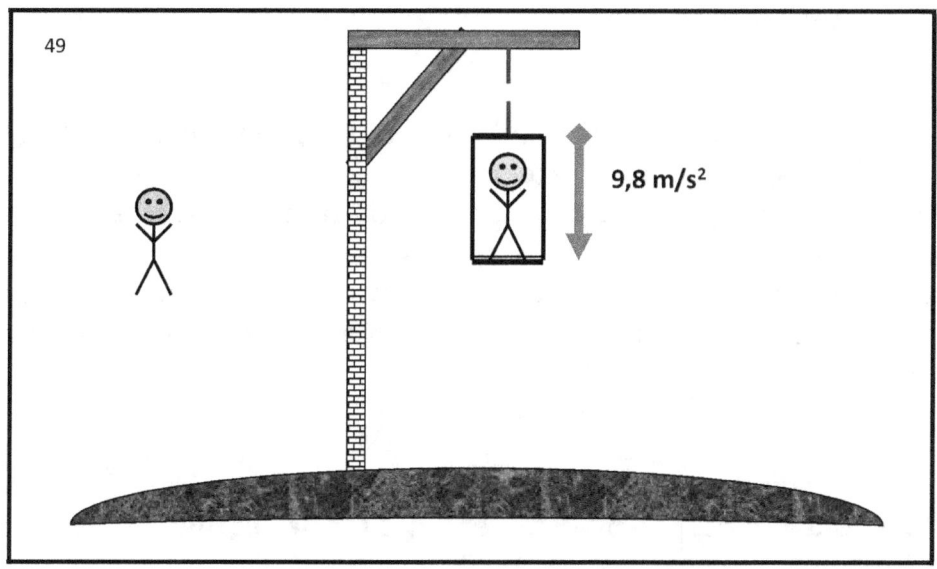

In figuur 49 word 'n gedeelte van die aarde se oppervlak getoon, 'n sterk vertikale steun waarop 'n horisontale balk vasgemaak is. Die hysbak is aan die balk vasgemaak. Die tou is gebreek. Vir ons oorweging is dit nie belangrik of die hysbak in beweging of stil was toe die tou gebreek het nie. Wat belangrik is, is dat die hysbak na die aarde se oppervlak sal begin val, en dit sal beweeg teen 'n versnelling van nege hele agt tiendes van 'n meter per sekonde kwadraat. Die rede vir hierdie val met versnelling is dat die hysbak, en die passasiers daarin, in die gravitasieveld van die Aarde is, en die werking van die krag van die Aarde se gravitasie-aantrekking ervaar.

Die kwantitatiewe kenmerk van hierdie krag is deur Newton getoon, en staan bekend as die wet van gravitasie-aantrekking:

Die gravitasie-aantrekkingskrag tussen twee liggame is gelyk aan die massa van die eerste liggaam maal die massa van die tweede liggaam gedeel deur die afstand tussen hulle kwadraat.

Passasiers in die hysbak het geen "sensasie van die werking van die krag van die swaartekrag van die Aarde nie." Inteendeel, hulle sal oortuig wees dat hulle in rus of in eenvormige reglynige beweging is, en nie deur kragte wat versnelling veroorsaak, aangewend word nie. Passasiers in die hysbak is oortuig daarvan dat hul toestand in ooreenstemming met Newton se eerste wet bepaal word:

Wanneer geen krag op 'n liggaam inwerk nie, is dit in 'n toestand van rus of eenvormige reglynige beweging.

Daar moet kennis geneem word dat soortgelyke denkeksperimente met hysbakke deur Einstein uitgevoer is om die aard van traagheids- en nie-traagheidsverwysingsrame te verduidelik. Hierdie gedagte-eksperimente is uiters belangrik, en kan deur behoorlike ontleding fundamentele verwantskappe tussen beweging, rus, relatief, absoluut openbaar.

Aan die begin van ons aanbieding het ons 'n duidelike afhanklikheid gedefinieer wat in die praktyk bevestig is:

Altyd, en slegs, is die gelyktydige, komplekse werking van Newton se tweede en derde wette die oorsaak van die verskynsel "sensasie van die werking van krag en beweging met versnelling".

Ons het rede om tot die gevolgtrekking te kom dat vir passasiers in die hysbak, die komplekse effek van Newton se tweede en derde wette nie geldig is nie.

Newton se tweede en derde wette is aan die grondslag van fisika. Hierdie twee wette is fundamenteel universeel, en omvat noodwendig alle moontlike verskynsels in die Een Oneindige Realiteit. Die gelyktydige werking van die tweede en derde wet toon die essensie van absolute bewegings in die Een Oneindige Realiteit. Daar is geen uitsonderings nie.

Dit is nodig om uit te vind en die redes aan te dui waarom passasiers in die hysbak nie 'n "sensasie van die werking van krag en beweging met versnelling het nie".

Sien Figuur 50.

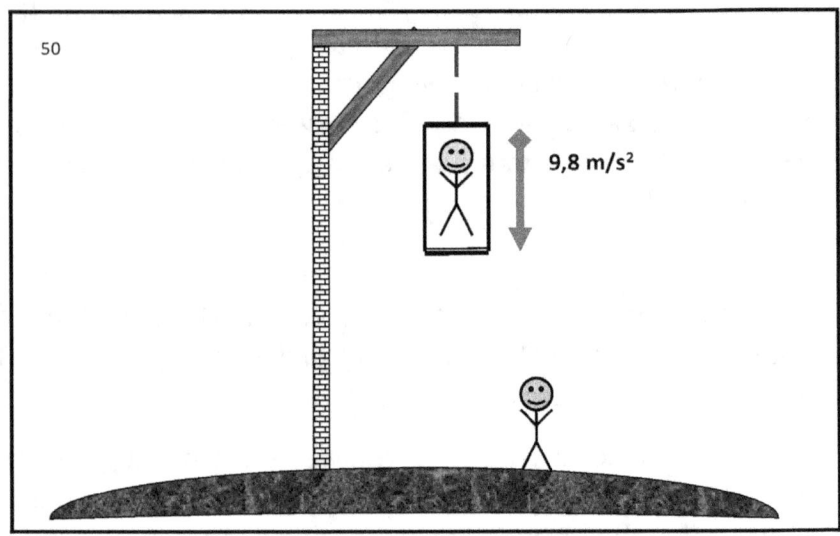

Figuur 50 toon die stutraam, die gebreekte tou, die hysbak en 'n passasier daarin. Die hysbak val aarde toe. Die hysbak het geen vensters nie en die passasier kan nie verstaan wat met hom gebeur nie. Die passasier voel dat hy in 'n toestand van gewigloosheid is. Die reisiger kom tot die gevolgtrekking dat hy in die diep ruimte is en sy toestand word beskryf deur Newton se eerste wet. Die passasier is oortuig dat daar geen krag op die hysbak inwerk nie, en die hysbak rus, die hysbak is in 'n toestand van gewigloosheid.

Daar is 'n tweede persoon op aarde wat die vallende hysbak dophou.

'n Telefoonverbinding bestaan tussen die passasier en die waarnemer.

Die waarnemer bel op die telefoon en sê vir die passasier dat hy val en wanneer hy die grond tref, sal hy heel waarskynlik sterf. Die reisiger antwoord dat dit nie waar is nie en dat hy in 'n toestand van gewigloosheid is en dat hy in rus is en dat die waarnemer een of ander fout maak.

Die waarnemer antwoord dat daar geen fout is nie, dat hy

stewig op die aarde se oppervlak geplant is, dat hy sy gewig voel en dat hy kyk hoe die hysbak val.

Die passasier glimlag en sê as jy regtig gewig voel is dit omdat jy met versnelling na my toe beweeg. Jy hallusineer of droom. Dit is die waarheid.

Sien figuur 51.

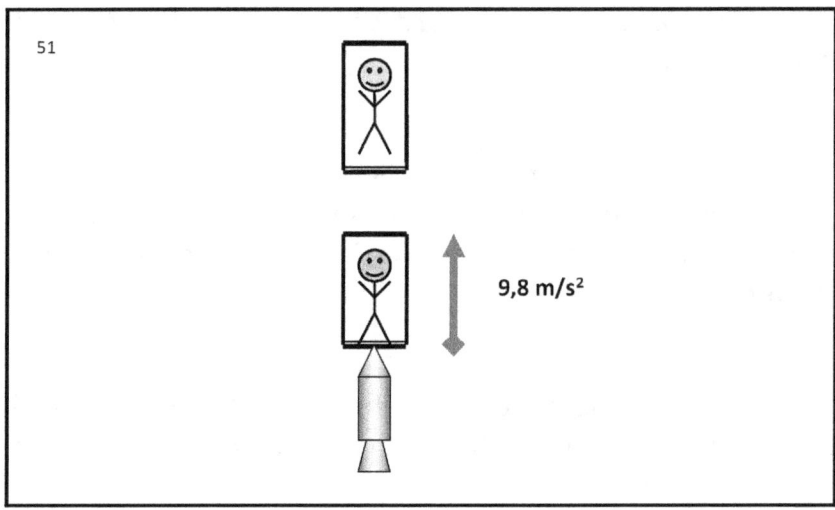

Figuur 51 toon die passasier in die hysbak, die waarnemer wat in 'n tweede hysbak is. 'n Vuurpyl word onderaan die tweede hysbak geplaas, wat die hysbak met die waarnemer opstoot. Die hysbak met die waarnemer beweeg met 'n versnelling van nege hele en agt tiendes van 'n meter, per sekonde kwadraat.

Die passasier in die boonste hysbak roep die waarnemer en vra hom wat hy nou doen.

Die waarnemer antwoord dat hy in 'n hysbak is wat met opwaartse versnelling beweeg.

Die passasier vra hom wat hy voel.

Die waarnemer sê dat hy stewig op die onderkant van die hysbak getrap het, en hy voel die werking van krag en beweging met versnelling, op dieselfde manier as toe hy op die oppervlak van die aarde getrap het.

Die passasier in die boonste hysbak antwoord dat dit die ware toestand van beweging is en dat dit nie meer 'n droom is nie.

Die waarnemer vra hoekom dit die ware toestand is.

Die passasier antwoord dat hy seker is, want daar is 'n beginsel wat sê:

Altyd, en slegs, is die gelyktydige, komplekse werking van Newton se tweede en derde wette die oorsaak van die verskynsel "sensasie van die werking van krag en beweging met versnelling".

Die beginsel wat so gedefinieer is, toon die verskil tussen relatiewe en absolute bewegings wat in die Een Oneindige Realiteit plaasvind.

Hierdie beginsel toon dat die krag wat in Newton se tweede wet gedefinieer word, fundamenteel verskil van die krag van gravitasie-aantrekkingskrag tussen liggame.

12. KRAG. TOEPASSINGSPUNT VAN AKSIE.

Newton se tweede wet bepaal dat die krag wat op 'n liggaam inwerk gelyk is aan die produk van die versnelling en die massa van die liggaam wat saam met die versnelling beweeg.

In hierdie geval het die handelende krag, vingi, 'n toegepaste aksiepunt. 'n Plek van aksie is 'n spesifieke plek op die liggaam. Die plek van aksie is 'n oppervlak waarop ten minste twee liggame teen mekaar gedruk word. Hierdie oppervlak word in fisika 'n toepassingspunt genoem. Vanuit 'n filosofiese oogpunt is die konsep van 'n punt, waarmee die verskynsel van 'n punt aangedui word, onderworpe aan ernstige kritiek. Die probleem is dat daar geen sinsverskynsel in die Een Oneindige Realiteit is nie. Die konsep van 'n punt dien slegs om 'n menslike abstraksie aan te dui, in die verstand van die mens. In die wetenskap van wiskunde word die konsep van 'n punt gebruik, en dit het 'n sekere wiskundige inhoud, wat weer 'n abstraksie is. In fisiese wetenskap moet die konsep van punt vervang word deur die konsep van plek.

Dit is hoe Newton opgetree het in "Mathematical Principles of Physics". In die "Beginsels" het Newton nie die konsep van punt gebruik nie. In die "Beginsels" definieer Newton die verskynsel van plek, en gebruik die konsep van **plek** wanneer hy ook al die konsep van punt moet gebruik.

Hierdie feit is uiters belangrik vir die navorsing wat ons doen en moet onthou word.

13. TIPES KRAGTE. MANIFESTASIE VAN MAG. VEROORSAAK EFFEK.

Daar is twee tipes kragte in moderne fisika. Werklike kragte, en fiktiewe kragte. Fiktiewe kragte verskyn en tree op wanneer daar **gelyktydige wedersydse aksie** tussen ten minste twee dinge is.

Gelyktydige wedersydse handelinge word deur die term aangedui

ВЗАИМНОДЕЙСТВИЕ

.

Die woord

ВЗАИМНОДЕЙСТВИЕ

, is in Slawies-Bulgaars Cyrillies geskryf.

Ek stel voor, in Engelse skrif, om die woord te gebruik

MUTUALISACTION

.

Ek hoop dat spesialiste in hierdie veld my voorstel sal aanvaar en, wanneer nodig, die oorsprong daarvan sal noem.

Die woord

ВЗАИМНОДЕЙСТВИЕ

MUTUALISACTION = , is 'n werkwoord, en beteken parallelle, gelyktydige handelinge wat deur **hele** dinge uitgevoer word. Die konsep van **interaksie** = *ВЗАИМНОДЕЙСТВИЕ* = *MUTUALISACTION*, is 'n filosofiese kategorie. Deur die kategorie **interaksie** = *MUTUALISACTION* word die onderlinge handeling tussen twee hele dinge aangedui. Elkeen van die twee heles wat met mekaar in wisselwerking is, is altyd 'n **hele deel** van **die hele** Een Oneindige Realiteit.

'n Hele deel van die Een Oneindige Realiteit word bepaal deur die absolute beweging wat daardie deel uitvoer in verhouding tot die hele Een Oneindige Realiteit.

Fiktiewe kragte verskyn en werk op wanneer een of ander absolute beweging verband hou met 'n ander absolute beweging. Tipiese voorbeelde hiervan is die manier waarop hulle voorkom, die Coriolis-krag, die Cup Force en die manier waarop kwantummeganiese voorwerpe met mekaar in wisselwerking tree.

Die Coriolis-krag vind plaas wanneer die absolute rotasiebeweging van die planeet Aarde verband hou met die absolute beweging van die Foucault-slinger.

Die krag van die beker vind plaas wanneer die absolute rotasiebeweging van die beker om 'n middelpunt verband hou met die rotasiebeweging van die platform om sy eie middelpunt.

Die rotasiekrag, op die agterkant van die beker, verskyn wanneer die absolute rotasiebeweging van **die hele** beker, om een of ander as, verband hou met die absolute rotasiebeweging van **die hele** pyl, wat die rigting van die sentrifugale krag aandui, om dieselfde as .

Let wel: Die laaste twee oordele word verduidelik in die pos Dark Energy Dark Matter.

Tipiese gevalle van **interaksies** =
MUTUALISACTION, vind plaas tussen kwantummeganiese voorwerpe. Die wetenskap van kwantummeganika bestudeer en beskryf hoe een hele kwantum met 'n ander hele kwantum verband hou deur die verskynsel van *MUTUALISACTION*.

Op hierdie manier word die kwantum **heel** in tyd en **heel** in ruimte. Die kwantum kan dus in porsies presteer *MUTUALISACTION* **en kwantum** verander , wat **'n toestandsverandering is** . Dus, elke **kwantum**, verandering van **toestand**, is 'n veelvoud van Planck se kwantum, die konstante h .

Die verandering van **toestand** van **die kwantum** behels alle **dele** van **die hele** kwantum, waardeur **die hele** kwantum interaksie het met **die hele Een Oneindige Realiteit** , die **geheel** met **die geheel** .

Die verandering van toestand vind plaas in **die hede** en is logies absoluut gelyktydig vir **almal,** Een, Oneindig, Werklikheid.

In hierdie sin is die oomblik van die hede 'n tydinterval gelyk aan nul, en skei die verlede van die toekoms.

Die absolute hede is relatief, slegs en slegs, oor die algemeen **tot** die verlede, en slegs, en slegs, oor die algemeen **tot** die toekoms. Op hierdie manier kom die parallelle veranderinge van die werklikheid te voorskyn. En dit is weereens **'n verandering van toestande** , deur interaksies=

MUTUALISACTION .

Die parallelle veranderinge self ontvang die wese in die enigste hede, waar en waarin dit moontlik is om met mekaar te verwant, hele dinge met ander hele dinge. Dit is relasies van sommige **hele dele** tot ander **hele dele** . Hele dele kan verskillende **hele dele** van 'n **geheel** wees , of verskillende **hele dele** van verskillende **hele** dinge.

Die verandering van toestande is 'n proses wat die bestaan van logies absolute gelyktydigheid bewys, en in hierdie verband ontstaan die uiters belangrike vraag:

Wat is die draer van hierdie gelyktydigheid, of anders gestel, wat is die verskynsel waardeur hierdie gelyktydigheid getransformeer kan word, gereduseer tot 'n kwantifiseerbare fisiese hoeveelheid?

Die antwoord op hierdie twee vrae kom daarop neer om fisiese bewyse, empiriese data en feite te vind wat onomwonde die bestaan toon van die draer van parallelle bewegings, wat in moderne wetenskap bekend staan as aksie op 'n afstand, in klassieke Newtoniaanse meganika, of as nie-plaaslik interaksie, in kwantummeganika, of as beweging met 'n oneindig hoë spoed, in die relatiwiteitsteorie, wat in ons hipotese **'n verandering van toestande is, deur interaksie** =

MUTUALISACTION .

Weereens moet ons aandag gee aan die feit dat die moderne wetenskap nie in staat is om die draer van 'n verandering van toestande aan te dui nie, d.m.v.

MUTUALISACTION

interaksie, of wat dieselfde is, om een of ander nuwe veld aan te dui wat die nie-plaaslike

MUTUALISACTION =

interaksie tussen dinge moontlik maak.

In hierdie verband, en as gevolg van die ontleding, stel ons voor dat die draer van die verre aksie genoem word, aangedui deur die term **pogingsveld**.

In moderne fisika is daar die idee dat verre aksie beweging teen 'n oneindig hoë spoed is. In die boek "Einstein se tweede fout" het ek verduidelik en bewys dat die uitdrukking " **beweging met oneindig groot spoed** " verkeerd is. Wat die menslike wetenskap " **beweging met oneindig groot spoed** " noem, **is nie spoed nie** .

Maar dit beteken nie dat so 'n verskynsel nie bestaan nie. Wat mense " **beweging teen oneindige spoed** " noem, is **'n verandering van toestande** , en is 'n fundamentele eienskap van **die Een Oneindige Realiteit** .

Dit is juis hierdie proses waardeur **die verandering van toestande plaasvind** wat ek **wederkerigheid=**

ВЗАИМНОДЕЙСТВИЕ

= noem

EINSTEIN SE DERDE FOUT

MUTUALISACTION .

95

14. BEGINSEL VAN EENVORMIGHEID.

In die hipotese wat ek aanbied, word Einstein se **beginsel van ekwivalensie** vervang deur **die beginsel van gelykheid**. Dit beteken dat die beweging van 'n liggaam wat in 'n gravitasieveld val **eenvormig reglynig is**, of in 'n toestand van **relatiewe rus is**.

Sien figuur 52.

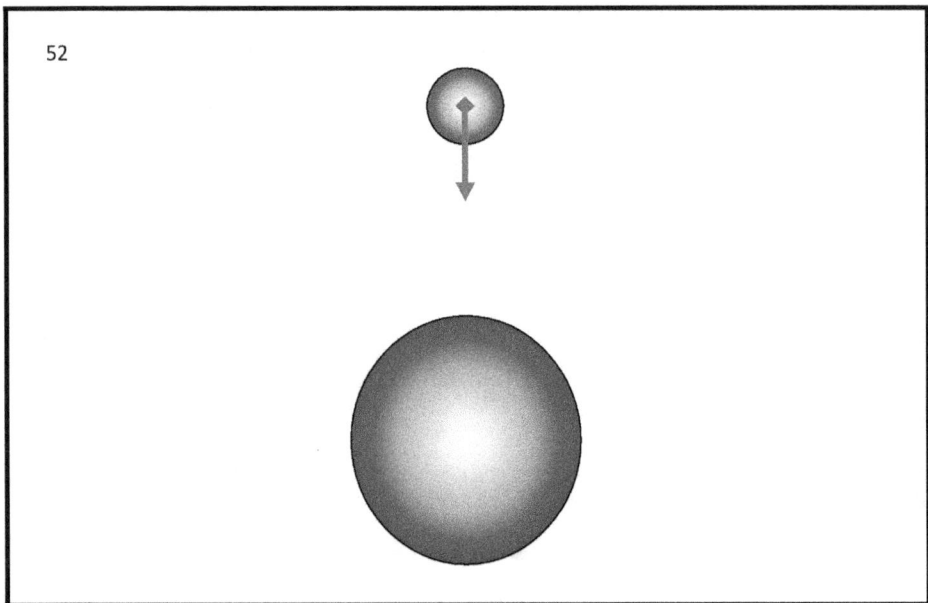

In Figuur 52 word twee sfere getoon. Die groot sfeer is stilstaande, en beskik oor 'n groot massa en 'n kragtige gravitasieveld. Die klein sfeer "val" na die groot sfeer toe, en beweeg met **versnelling**, maar voel nie die werking van 'n krag nie en voel nie dat dit met **versnelling beweeg nie**. Dit is Einstein se **Ekwivalensiebeginsel**.

Ons vervang Einstein se **beginsel van ekwivalensie** met **die beginsel van gelykheid** .

Sien figuur 53.

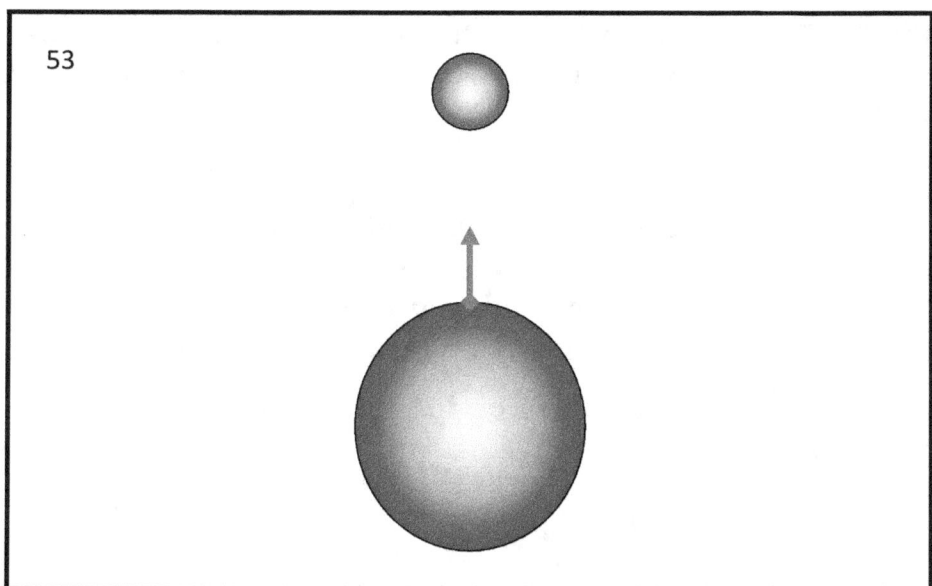

In Figuur 53 word twee sfere getoon. Die groot sfeer is stilstaande, en beskik oor 'n groot massa en 'n kragtige gravitasieveld. Die klein sfeer voel nie "werking van krag" en dit voel nie "beweging met versnelling nie", daarom is die klein sfeer in **'n toestand van rus of eenvormige reglynige beweging** . Dit beteken dat die oppervlak van die groot sfeer met **versnelling** na die klein sfeer beweeg . Dit is nodig om te beklemtoon dat slegs en slegs **die oppervlak van die groot sfeer met versnelling** na die klein sfeer beweeg . Die middelpunt van die groot sfeer is stilstaande relatief tot die klein sfeer. Uit wat ek gesê het, volg dit dat die groot sfeer **voortdurend sy radius vergroot** , en die hele oppervlak van die groot sfeer beweeg **weg** van die middelpunt van die groot sfeer, met **'n versnelling van** . Om dit kort en eenvoudig te stel, die groot sfeer blaas soos 'n ballon op.

Ek weet baie goed dat van die lesers sterk beswaar sal maak dat dit onmoontlik is.

Ek hou vol dat dit moontlik is en dat:

Die "GRENS" van die hele Een Oneindige Realiteit, beweeg weg van elke hele deel daarvan met toenemende versnelling, en veranderlike versnelling.

Die nodige en voldoende voorwaarde vir voortdurende beweging met toenemende versnelling en veranderlike versnelling is dat die Een Oneindige Realiteit **oneindig moet wees**. Ek moet onthou dat ons aan die begin van die uitstalling 'n definisie-area geskep het.

In die definisie-realm, stel beginsel vier: Die werklikheid is **oneindig**.

15. GRAFIESE VOORSTELLING

Die Een Oneindige Realiteit "brei uit" met toenemende versnelling. Die inkrementele versnelling is 'n konstante totale, integrale **versnelling** . Op spesifieke plekke, op die One Infinite Reality, is die plaaslike versnelling anders. Die plaaslike versnelling kan differensieel afnemend, differensieel toenemend of differensieel konstant wees. Die Een Oneindige Realiteit is ruimtelik driedimensioneel. Die versnelling van die Ruimtelik driedimensionele Een Oneindige Realiteit vind absoluut gelyktydig langs die drie ruimtelike dimensies plaas. Die drie ruimtelike dimensies word deur 'n driedimensionele koördinaatstelsel aan menslike denke voorgestel.

Sien figuur 54.

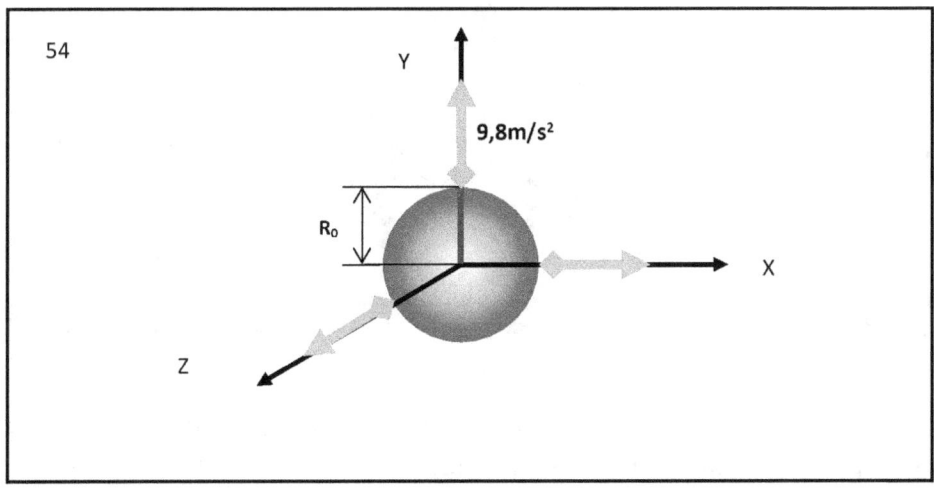

In figuur 54 word 'n koördinaatstelsel getoon wat uit drie

asse bestaan. Die oorsprong van die koördinaatstelsel is in die middel van 'n sfeer geleë.

Die koördinaatstelsel en die sfeer is geleë in die middel van die Een Oneindige Realiteit. Ons neem aan dat die sfeer die planeet Aarde is. Die versnelling van die Aarde se oppervlak, relatief tot die middelpunt van die planeet Aarde, is gelyk aan nege hele agt tiendes van 'n meter per sekonde kwadraat. Versnelling word in groen pyl getoon, radius word in blou getoon. Dit beteken dat die lengte van die radius van die planeet Aarde toeneem met 'n versnelling gelykstaande aan nege hele en agt tiendes van 'n meter per sekonde verhef tot die tweede mag. Dit beteken dat die planeet Aarde na 'n ruk twee keer so groot sal wees.

Sien figuur 55.

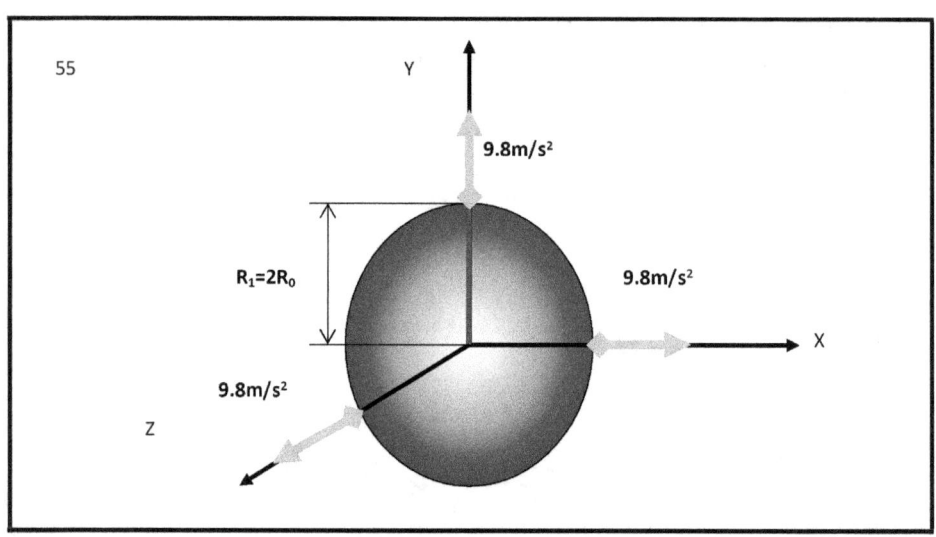

In figuur 55 word die koördinaatstelsel en die planeet Aarde getoon. Die radius van planeet Aarde is twee keer so groot.

Die intelligente, denkende, mense wat planeet Aarde bewoon, sien nie die toename in die grootte van die Aarde raak nie. Die rede hiervoor is dat alle vaste liggame en voorwerpe wat op die oppervlak van die Aarde is in grootte toeneem in verhouding tot die toename in die radius van die planeet Aarde. Wanneer die vergroting eweredig is, dan verander die verhouding van die ruimtelike afmetings van die verskillende voorwerpe nie. Die verhouding word konstant gehou. Die verhouding is 'n konstante.

Wanneer die verhouding van ruimtelike dimensies 'n konstante is, dan kan die toename in ruimtelike dimensies nie deur meetinstrumente geregistreer word nie. Dit kan nie opgemerk word deur die navorsers wat die afstande meet nie.

Sien figuur 56.

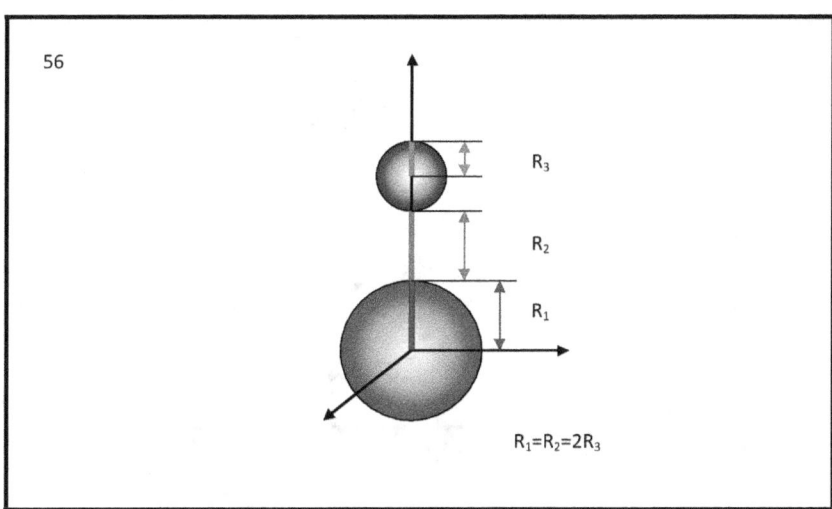

In figuur 56 word die koördinaatstelsel en twee sfere getoon. 'n Groot sfeer en 'n klein sfeer. Die groot sfeer is die planeet Aarde voordat dit sy radius vergroot het. Die radius van planeet Aarde word in blou getoon. Die klein sfeer is op die vertikale as van die koördinaatstelsel geleë. Die radius van die klein sfeer word in rooi getoon. Die radius van die planeet Aarde is twee keer die radius van die klein sfeer. Die afstand tussen die aarde en die klein sfeer word in groen getoon. Die afstand tussen die Aarde en die klein sfeer is gelyk aan die radius van die Aarde. Die afstand tussen die Aarde en die klein sfeer verander nie. Die aarde en die klein sfeer is in rus relatief tot mekaar.

Die radius van die aarde word verdubbel, met 'n versnelling van nege hele en agt tiendes van 'n meter, per sekonde kwadraat.

Sien figuur 57.

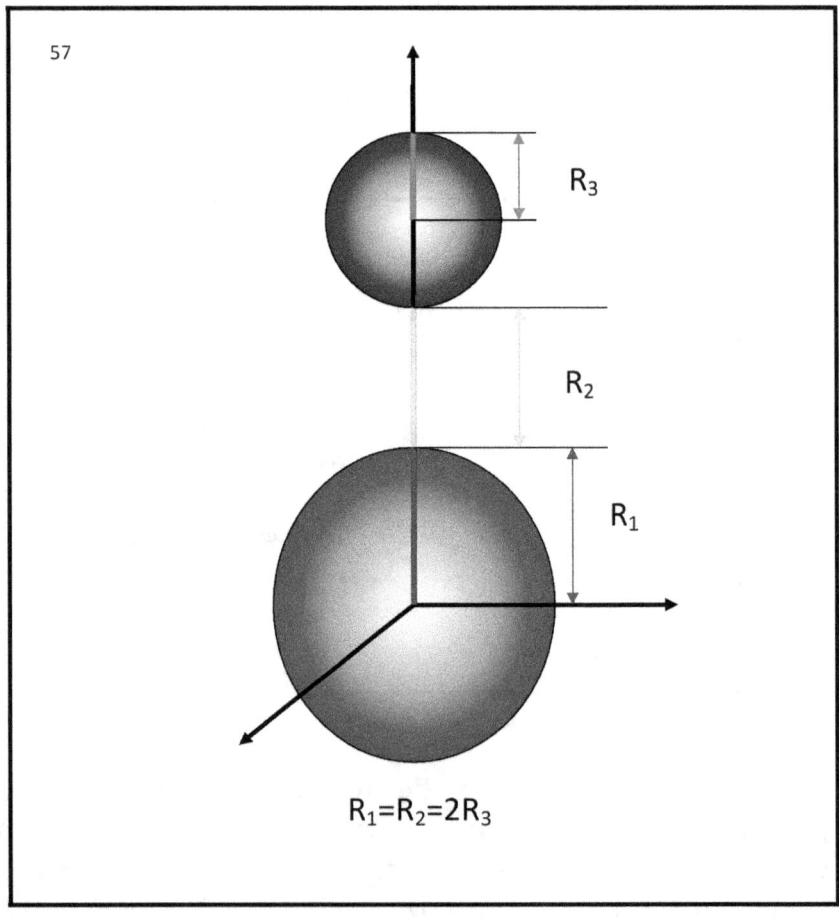

In figuur 57 word die planeet Aarde, die klein bolkoördinaatstelsel, getoon.

Die radius van die aarde het verdubbel.

Die radius van die klein sfeer het verdubbel.

Die afstand tussen die Aarde en die klein sfeer het twee keer meegevoer.

Onder hierdie toestande word die verhoudings tussen die dimensies konstant gehou.

Die verhouding tussen die radius van die Aarde en die radius van die klein sfeer verander nie.

Die verhouding tussen die radius van die Aarde en die afstand na die klein sfeer verander nie.

Die verhouding tussen die radius van die klein sfeer en die afstand verander ook nie.

Alle fisiese liggame wat op planeet Aarde bestaan, het hul ruimtelike dimensies vergroot, en is nou twee keer so groot. Die navorser wat die meting gaan uitvoer, is twee keer so groot. Die ontdekkingsreisiger se meter is twee keer so groot.

Die vergroting van die aarde, die vergroting van die klein sfeer, die vergroting van die afstand, is nie opmerklik nie.

Die resultaat van die meting is dat die twee sfere hul afmetings behou, en die twee sfere rus relatief tot mekaar.

16. TOESTAND VAN RELATIEWE RUS

Die radius van die Aarde is 'n sekere lengte. Die oppervlak van die Aarde beweeg weg van die middelpunt van die Aarde teen 'n versnelling van nege hele agt tiendes per sekonde kwadraat. Die radius van die klein sfeer is twee keer die radius van die aarde. Die afmetings van hierdie twee radiusse is relatief tot mekaar in rus. Daarom is die versnelling waarmee die radius van die klein a-sfeer toeneem twee keer so klein as die versnelling van die Aarde. Die versnelling van die radius van die klein sfeer is gelyk aan vier hele en nege-tiendes meter per sekonde kwadraat. Die getal vier heel en nege tiendes is die helfte van die getal nege heel en agt tiendes.

Sien figuur 58.

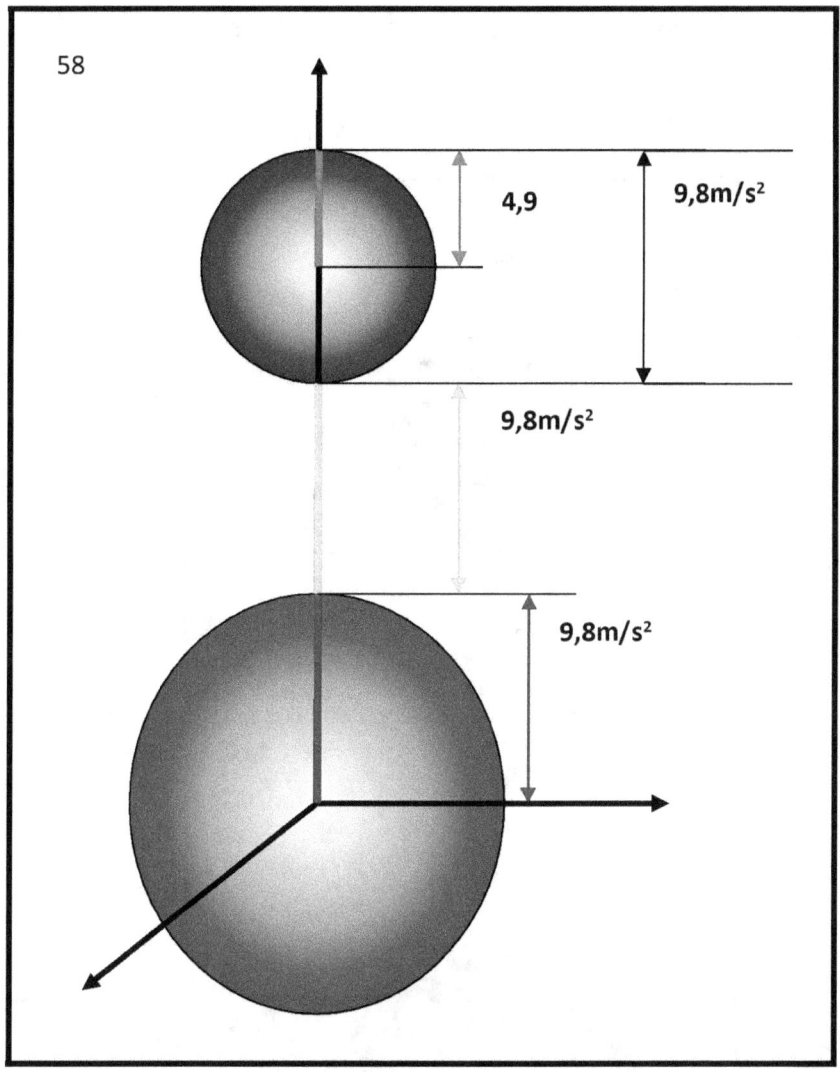

58

In Figuur 58 word die Aarde, die klein sfeer en die afstand tussen die Aarde en die klein sfeer getoon. Getoon word die versnellings waarmee die groottes van die twee radiusse toeneem, en die versnelling waarmee die afstand tussen die Aarde en die klein sfeer toeneem. By hierdie versnellings en op hierdie afstande is die Aarde en die klein sfeer in 'n toestand van relatiewe rus.

Die toestand van relatiewe rus is ook moontlik op ander

afstande tussen die Aarde en die klein sfeer.

Sien figuur 59.

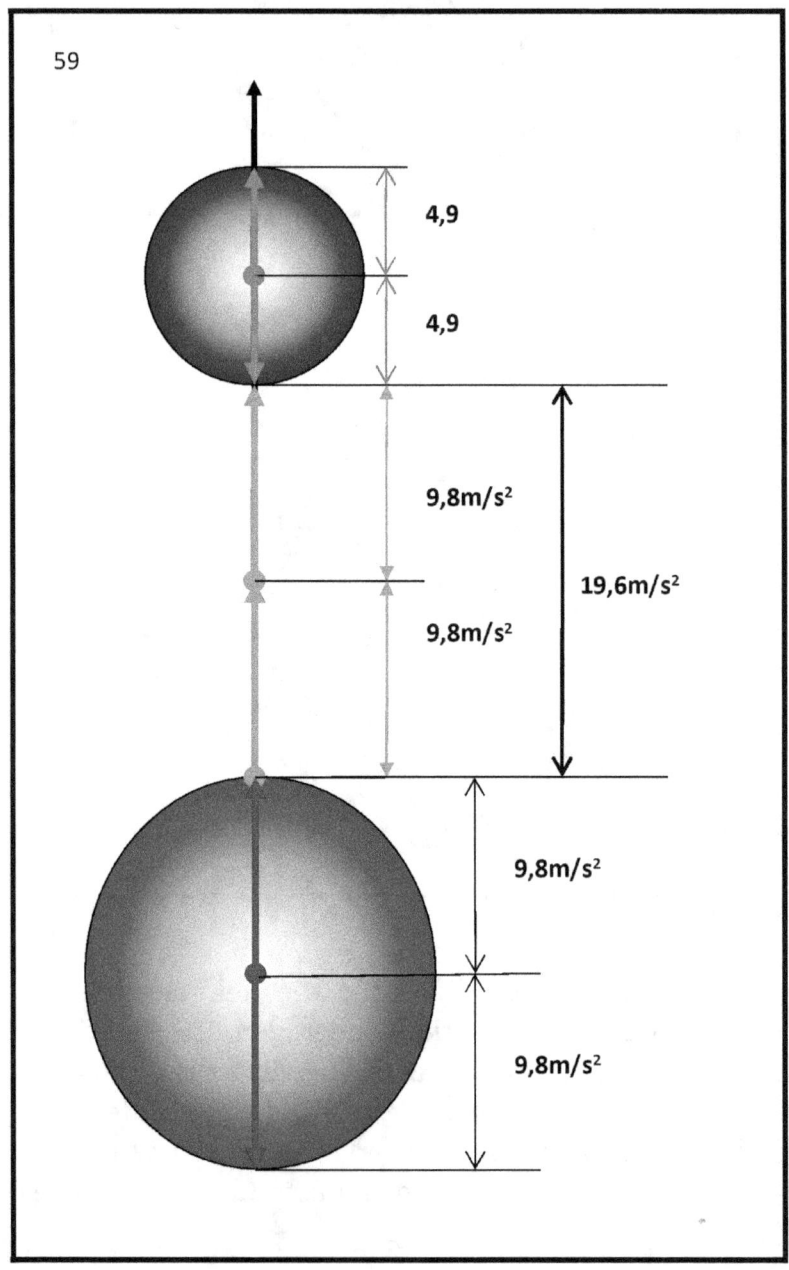

In Figuur 59 word 'n groot sfeer-Aarde, 'n klein sfeer en **die vertikale** as van die koördinaatstelsel getoon. Die vertikale as van die koördinaatstelsel begin vanaf die middel van die Aarde en eindig bo die oppervlak van die klein sfeer. Dit is die swart pyl wat aan die bokant sigbaar is.

Getoon word die deursnee van die Aarde, wat blou is, en die versnelling van die Aarde se oppervlak relatief tot die middel van die Aarde. Dit is twee blou radiusse wat vanaf die middel van die Aarde begin en loodreg is. Een aan die bokant, die ander aan die onderkant. Aan die regterkant is syfers en dubbele pyle wat die grootte van die grondversnelling aandui. Nege hele en agt tiendes meter per sekonde kwadraat is die aarde se versnelling, relatief tot die middel van die aarde.

Getoon is die deursnee van die klein sfeer, in rooi, en die versnellings van die radiusse van die klein sfeer, in rooi. Die versnellings van die twee radiusse van die klein sfeer word getoon met rooi dubbelpyltjies, getalle. Die versnellings is in teenoorgestelde rigtings, vanaf die middel van die klein sfeer na die oppervlak van die klein sfeer. Die versnelling van die oppervlak van die klein sfeer, relatief tot die middelpunt van die klein sfeer, is gelyk aan vier hele en nege-tiendes meter per sekonde kwadraat.

Die afstand tussen die Aarde en die klein sfeer word getoon, wat twee keer so groot is in vergelyking met die afstand in die vorige figuur. Die lang afstand word met 'n groen lyn getoon. Die grootte en rigting van die versnelling word deur 'n groen pyl aangedui. Die getalle toon die numeriese waardes van die versnellings. Twee keer die afstand, het twee keer die versnelling. By hierdie afmetings en hierdie versnellings is die Aarde en die klein sfeer weer in 'n toestand van relatiewe rus relatief tot mekaar.

Die figure toon dat absolute bewegings met versnelling

relatief tot mekaar is en in relatiewe rus is.

Die figure toon dat relatiewe rus 'n spesiale geval van absolute beweging met versnelling is.

Dit beteken dat enige **relatiewe rus met versnelling tot absolute beweging gereduseer kan word.**

Ek sal weereens beklemtoon dat dit 'n uiters belangrike, fundamentele eienskap van rus en beweging is, en dat moderne fisika nie genoeg aandag aan hierdie feit gegee het nie.

Die voorwaarde vir relatiewe rus is:

$$\frac{a_n}{S_n} = const.$$

Waar:

$$n = 1; 2; 3; \ldots \to \infty$$

, is 'n rynommer.

a_n - is die versnelling met 'n ranggetal wat

ooreenstem met 'n presies gedefinieerde afstand S_n met dieselfde ranggetal.

S_n - is 'n afstand met 'n ranggetal wat ooreenstem met 'n goed gedefinieerde versnelling a_n, met dieselfde ranggetal.

$const.$ - is 'n numeriese konstante wat dieselfde is vir die hele versameling wat bestaan uit verwantskappe tussen versnellings en afstande wat dieselfde ranggetal het.

17. DRIEDIMENSIONELE WERKLIKHEID.
EENDIMENSIONELE WERKLIKHEID.

Die Een Oneindige Realiteit is driedimensioneel. Uit die oogpunt van die wetenskap van wiskunde kan die Een Oneindige Realiteit deur meer as drie dimensies voorgestel word. Op hierdie stadium is dit oorbodig.

'n Driedimensionele ruimte word deur 'n drie-as koördinaatstelsel voorgestel. 'n Driedimensionele ruimte wat in 'n toestand van versnelling relatief tot sy middelpunt is, neem toe in grootte langs die drie asse.

Die verhoging van die grootte van die drie asse van die koördinaatstelsel is absoluut gelyktydig.

Die toename in die grootte van die drie asse van die koördinaatstelsel word met dieselfde versnelling uitgevoer.

Sien figuur 60.

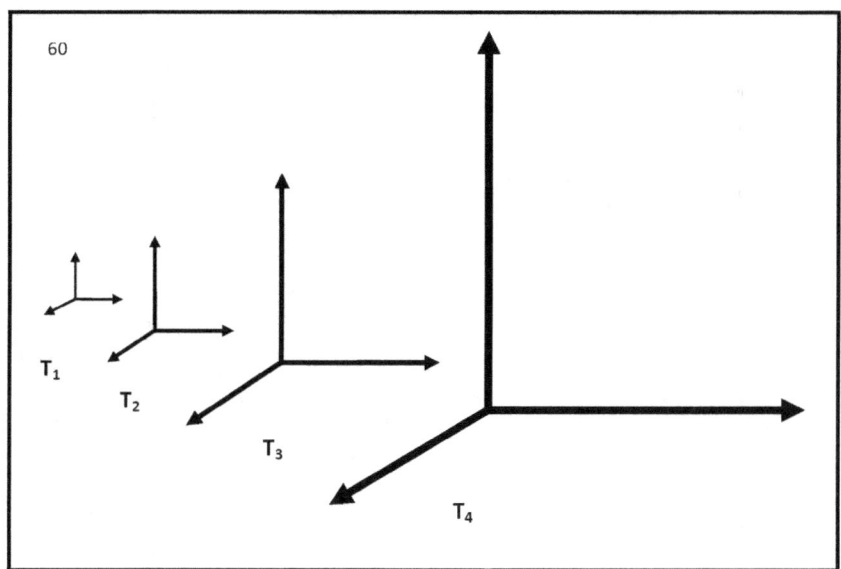

In figuur 60 word vier koördinaatstelsels getoon wat verskillende afmetings het.

Dit is 'n koördinaatstelsel wat die grootte van die drie asse in vier oomblikke van tyd skaal. Op elke daaropvolgende oomblik van tyd is die koördinaatstelsel twee keer so groot as die vorige een. Elkeen van die vier koördinaatstelsels is op enige gegewe oomblik in tyd in rus relatief tot homself.

Elkeen van die asse van die driedimensionele koördinaatstelsel verteenwoordig 'n Eendimensionele Realiteit.

Sien figuur 61.

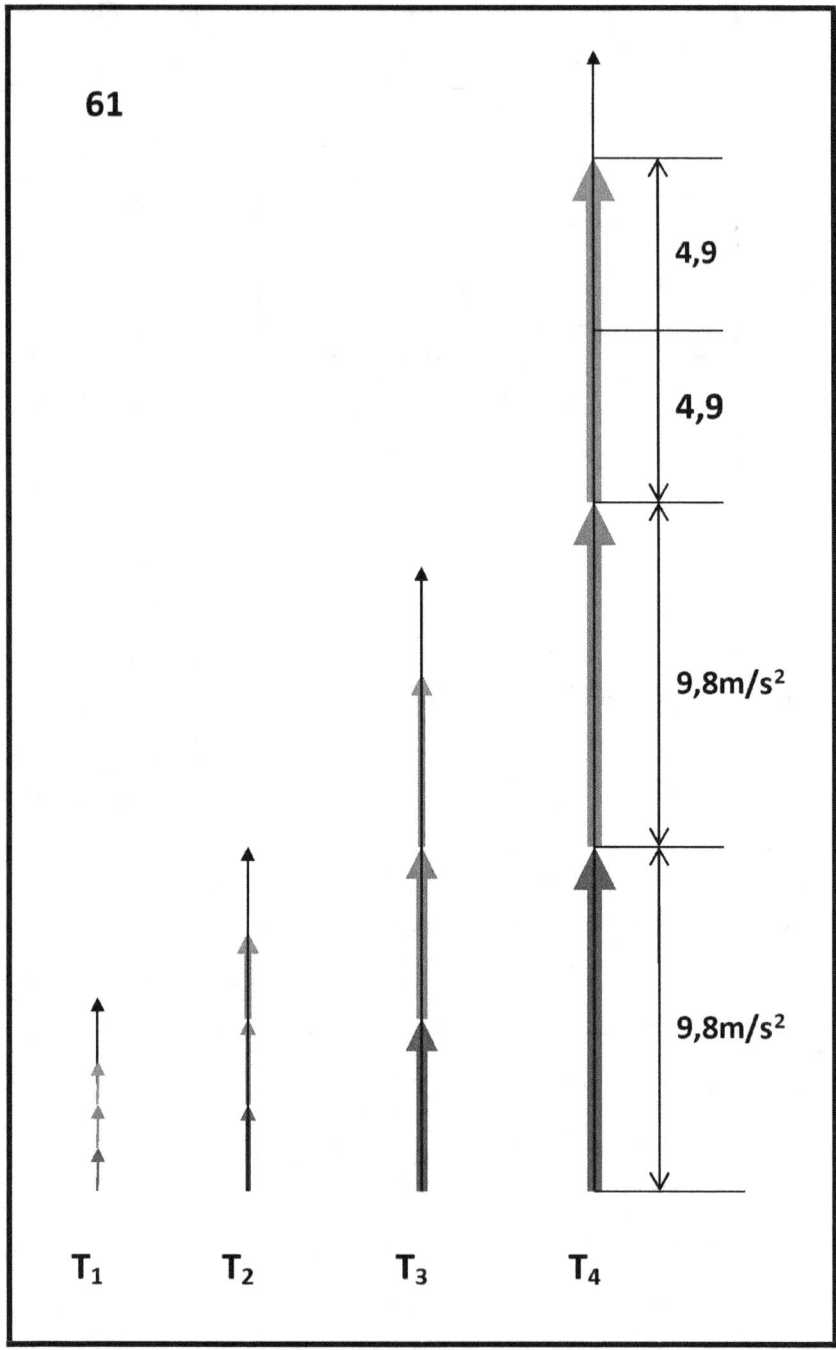

In Figuur 61 word slegs die vertikale as van die driedimensionele koördinaatstelsel getoon. Die vertikale as is 'n eendimensionele werklikheid. Vier opeenvolgende oomblikke van tyd, van eendimensionele werklikheid, word gewys. Versnellings en afstand-inkremente word gewys. In blou word die versnelling en toename in die grootte van die radius van die planeet Aarde getoon. Die groen kleur toon die versnelling en toename in die grootte van die afstand tussen planeet Aarde en die klein sfeer. In rooi word die versnelling en toename in grootte van die deursnee van die klein sfeer getoon.

Die dun swart pyl is die vertikale as van driedimensionele werklikheid.

Die groei van die afstande, afhangende van die groei van tyd, word grafies voorgestel.

Sien figuur 62.

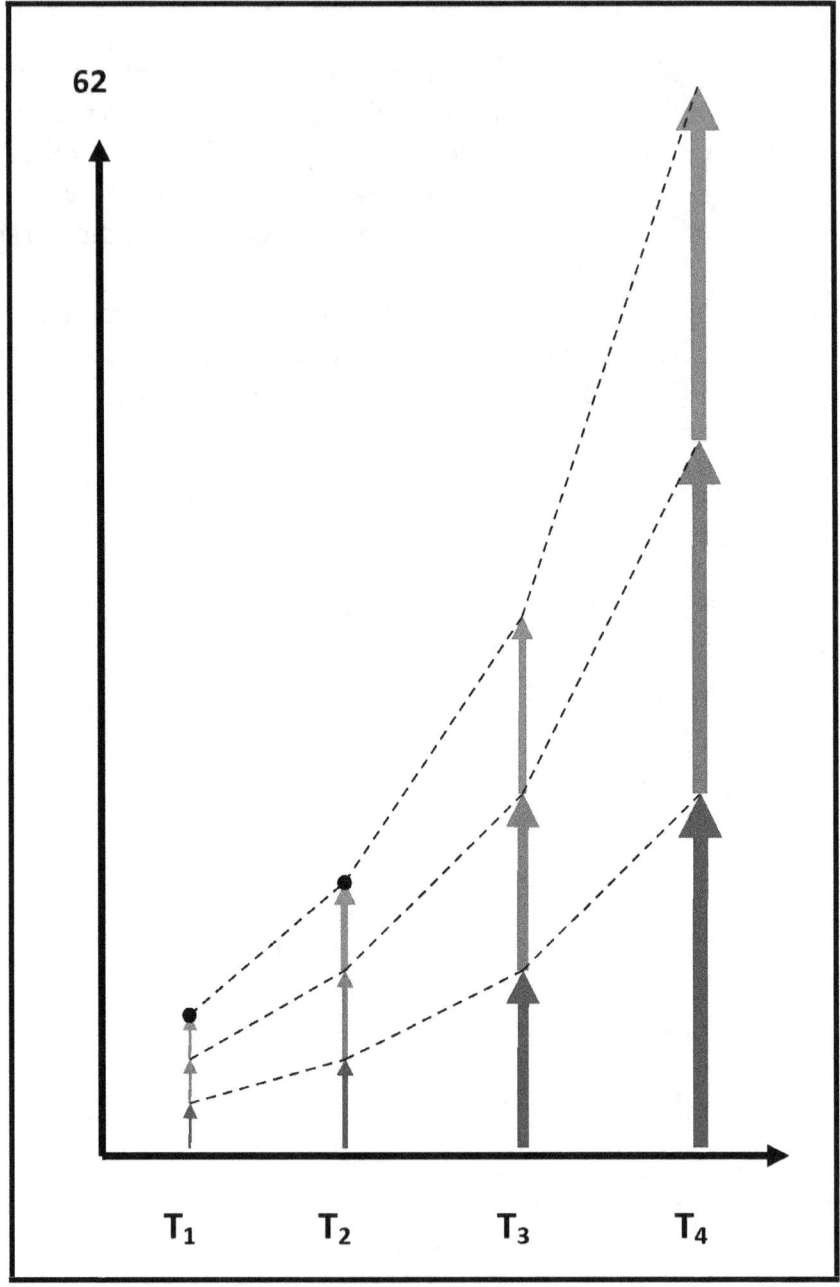

In figuur 62 word die grafiek van die verband tussen

toenemende afstande en toenemende tyd getoon. Vier afstande word gewys, op vier opeenvolgende tye in tyd.

Die volgende grafiek toon 'n eendimensionele werklikheid wat **'n toenemende versnellingskoëffisiënt** gelykstaande aan een meter per sekonde kwadraat het. Die bestaanstyd van eendimensionele werklikheid is gelyk aan vier sekondes.

Sien figuur 63.

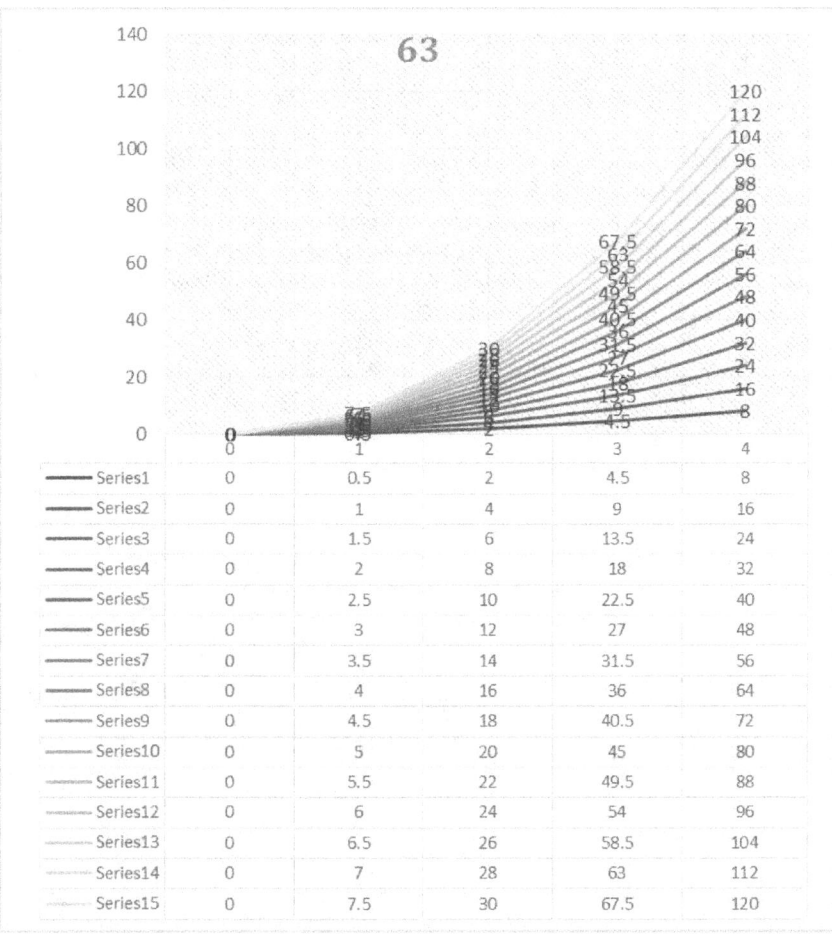

		0	1	2	3	4
——	Series1	0	0.5	2	4.5	8
——	Series2	0	1	4	9	16
——	Series3	0	1.5	6	13.5	24
——	Series4	0	2	8	18	32
——	Series5	0	2.5	10	22.5	40
——	Series6	0	3	12	27	48
——	Series7	0	3.5	14	31.5	56
——	Series8	0	4	16	36	64
——	Series9	0	4.5	18	40.5	72
——	Series10	0	5	20	45	80
——	Series11	0	5.5	22	49.5	88
——	Series12	0	6	24	54	96
——	Series13	0	6.5	26	58.5	104
——	Series14	0	7	28	63	112
——	Series15	0	7.5	30	67.5	120

In Figuur 63 word 'n eendimensionele werklikheid wat uit

vyftien grafiese reekse bestaan, getoon. Die grafiese reeks toon die versnelling van moontlike punte van die eendimensionele werklikheid. In eendimensionele werklikheid is afstande moontlik wat in 'n toestand van relatiewe rus is.

Sien figuur 64.

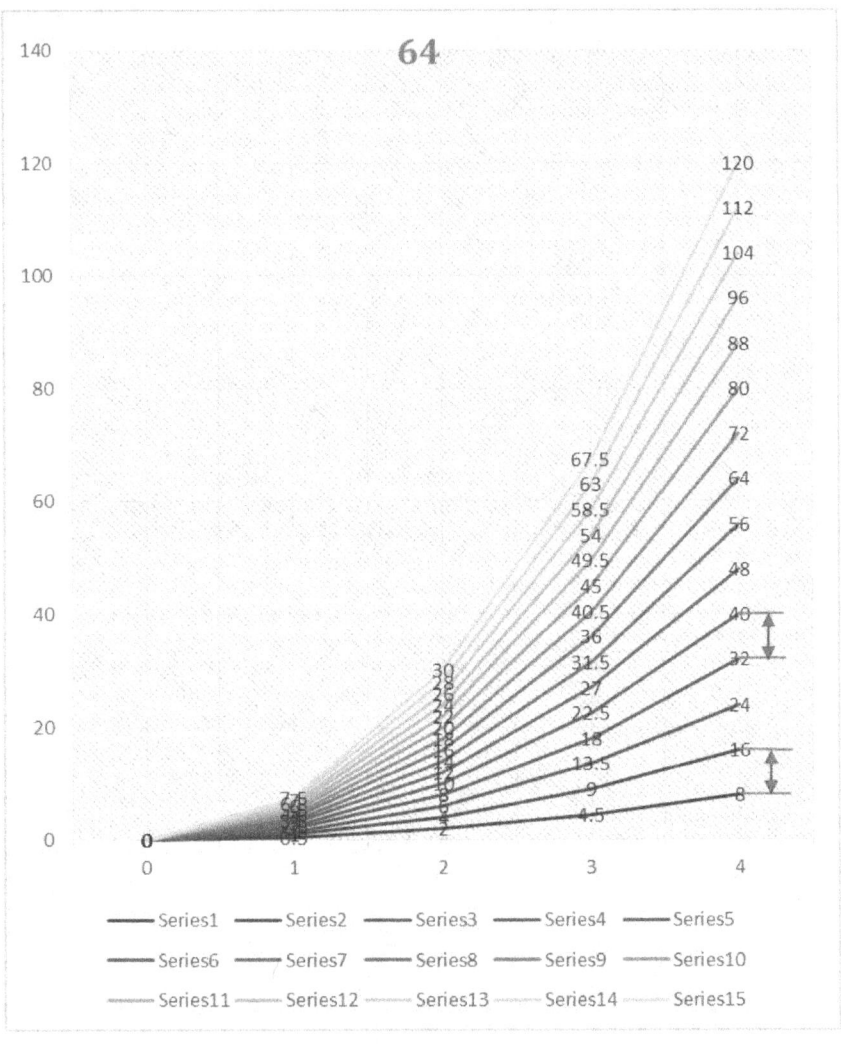

In Figuur 64 word 'n eendimensionele werklikheid getoon wat 'n leeftyd van vier sekondes het.

Vyftien grafiese reekse word gewys. Bursts begin by nul sekondes en eindig by vier sekondes. Die horisontale as is tyd, die vertikale as is afstand afgelê.

Reeks een is 'n grafiek wat 'n versnelling van een meter per sekonde kwadraat toon.

Reeks twee is 'n grafiek wat 'n versnelling van twee meter per sekonde kwadraat toon.

Reeks drie toon 'n versnelling van drie meter per sekonde kwadraat.

Vir elke daaropvolgende reeks, op die vertikale as, is die versnelling een meter groter.

Reeks vyftien is aan die bokant, en die versnelling is gelyk aan vyftien meter per sekonde kwadraat.

Die vertikale afstand tussen die reeks is altyd gelyk aan een meter. Die meter is 'n standaard, maar aan die einde van elke daaropvolgende sekonde het dit verskillende numeriese waardes.

Aan die einde van die vierde sekonde is die numeriese waarde van die afstand tussen die reeks gelyk aan die getal agt.

Kyk na die grafiek, die rooi pyl en die dun blou lyne. Die getalle is sestien en agt. Die verskil tussen hulle is agt.

Hierdie agt is 'n verwysingsafstand van een meter, en is teenwoordig tussen alle reekse, langs die vertikaal van die vierde sekonde. Aan die einde van die vierde sekonde is die verskil tussen aangrensende vertikale syfers altyd die getal agt.

Aan die einde van die derde sekonde is die verskil tussen die syfers wat vertikaal bo mekaar is, altyd gelyk aan die getal vier en 'n half. Aan die einde van die derde sekonde, die getal vier en 'n half, is 'n standaard vir 'n afstand gelyk aan een meter.

Aan die einde van die tweede sekonde is die nommer twee 'n standaard vir 'n afstand gelyk aan een meter.

In eendimensionele werklikheid is fisiese liggame wat in 'n toestand van rus relatief tot hulself bestaan, moontlik.

Sien figuur 65.

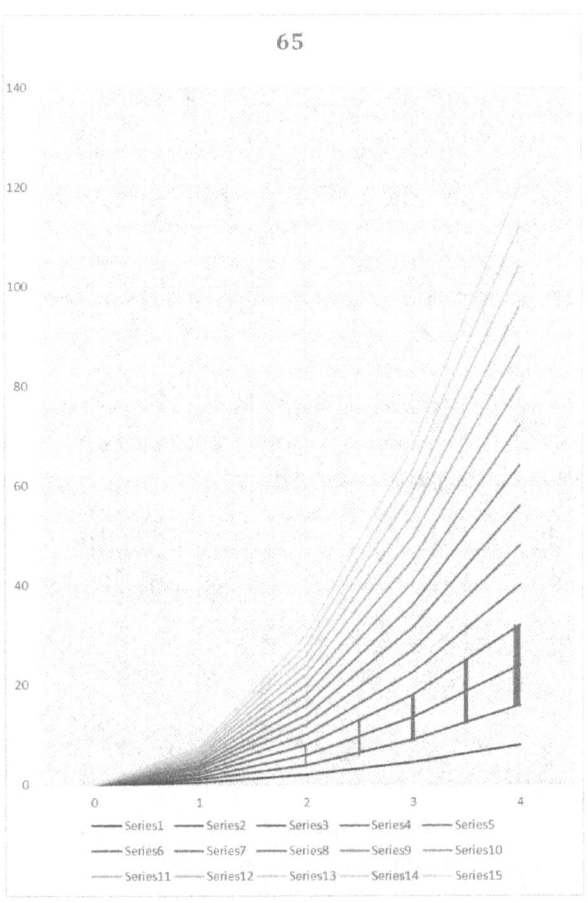

In figuur 65 word 'n twee meter lange liggaam getoon wat in rus is relatief tot homself. Die liggaam word met 'n rooi lyn getoon.

In eendimensionele werklikheid is fisiese liggame moontlik wat in 'n toestand van rus met betrekking tot hulself bestaan, en in 'n toestand van rus met betrekking tot ander liggame.

Sien figuur 66.

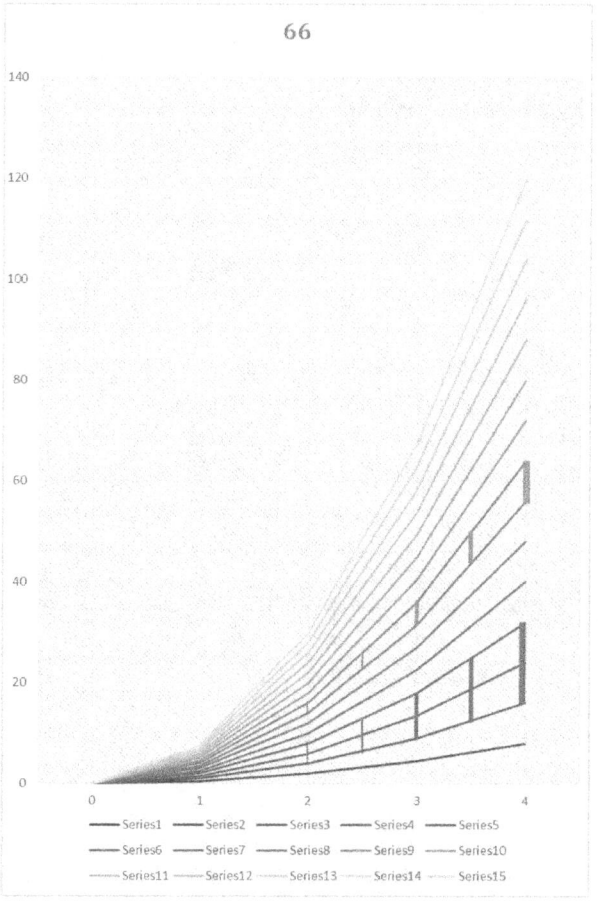

In Figuur 66 word 'n eendimensionele werklikheid getoon waarin daar een groen voorwerp en een rooi voorwerp is. Die rooi voorwerp is twee meter lank en is tussen reeks twee en reeks vier geleë. Die groen voorwerp is een meter lank en is tussen reeks sewe en reeks agt geleë. Die afstand tussen die rooi voorwerp en die groen voorwerp is gelyk aan drie meter. Die groen voorwerp is in rus relatief tot homself. Die rooi voorwerp is in rus relatief tot homself. Die rooi voorwerp en die groen voorwerp is in rus relatief tot mekaar.

In enige eendimensionele werklikheid kan eenvormige reglynige beweging uitgevoer word.

Sien figuur 67.

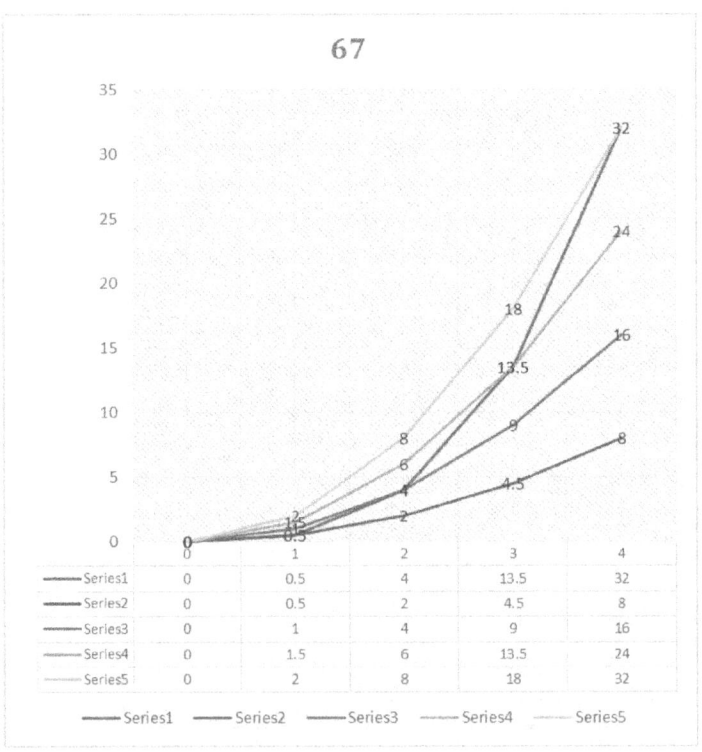

Figuur 67 toon eenvormige reglynige beweging van 'n rooi kol, in eendimensionele werklikheid, wat 'n versnellingskoëffisiënt van een meter per sekonde kwadraat het. 'n Tabel met die numeriese waardes van die afgelegde afstand word getoon. Die rooi kolletjie beweeg eenvormig in 'n reguit lyn teen 'n spoed van een meter per sekonde.

Dit is moontlik om punte wat relatief tot mekaar beweeg in 'n eenvormige reguit lyn te skuif.

Sien figuur 68.

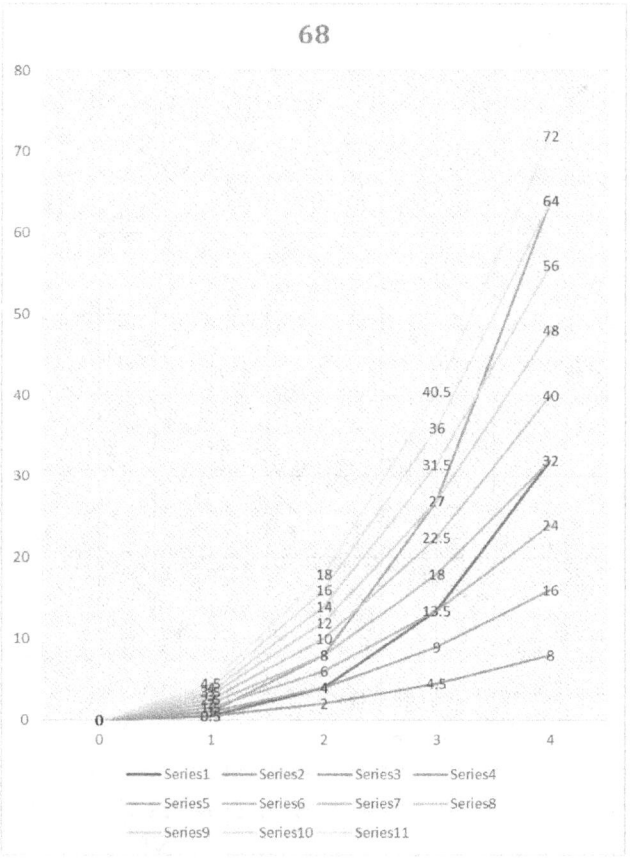

In Figuur 68 word eendimensionele werklikheid getoon, en eenvormige reglynige beweging van een rooi kol en een blou kol.

Die rooi kolletjie beweeg eenvormig in 'n reguit lyn teen 'n spoed van een meter per sekonde, relatief tot die groen eendimensionele werklikheid.

Die blou kolletjie beweeg eenvormig in 'n reguit lyn teen 'n spoed van twee meter per sekonde relatief tot die groen eendimensionele werklikheid.

Die blou kolletjie beweeg eenvormig in 'n reguit lyn van die rooi kol af weg, teen 'n spoed van een meter per sekonde.

Dit is moontlik om twee of meer eendimensionele realiteite relatief tot mekaar te beweeg.

Sien figuur 69.

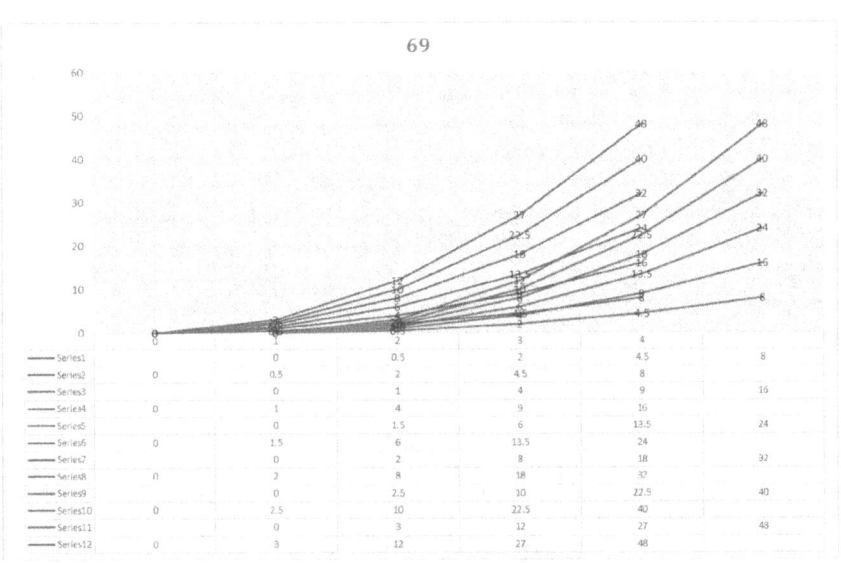

In Figuur 69 word twee eendimensionele realiteite getoon wat relatief tot mekaar beweeg, eenvormig en in 'n reguit lyn, teen 'n spoed van een meter per sekonde.

Die rooi eendimensionele werklikheid bestaan een sekonde vroeër as die blou een.

In 'n eendimensionele werklikheid is beweging met versnelling van enige punt moontlik relatief tot die hele eendimensionele werklikheid.

Sien figuur 70.

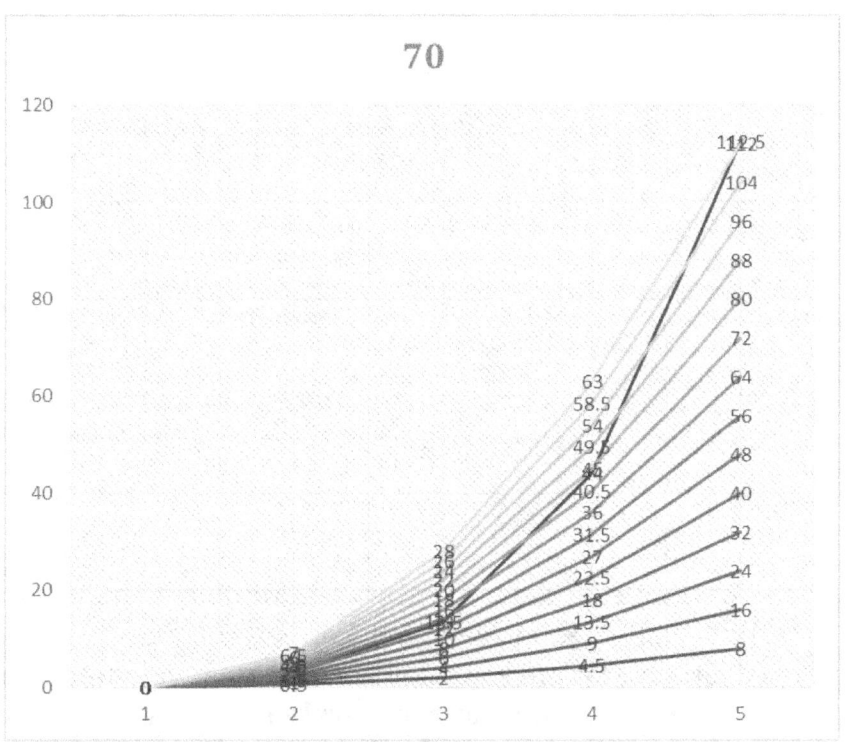

In figuur 70 word 'n punt getoon wat met versnelling beweeg relatief tot eendimensionele werklikheid. Die punt beweeg in eendimensionele werklikheid met 'n versnelling van een meter per sekonde kwadraat.

In eendimensionele werklikheid is alle verskillende tipes beweging moontlik.

Sien Fig. 71.

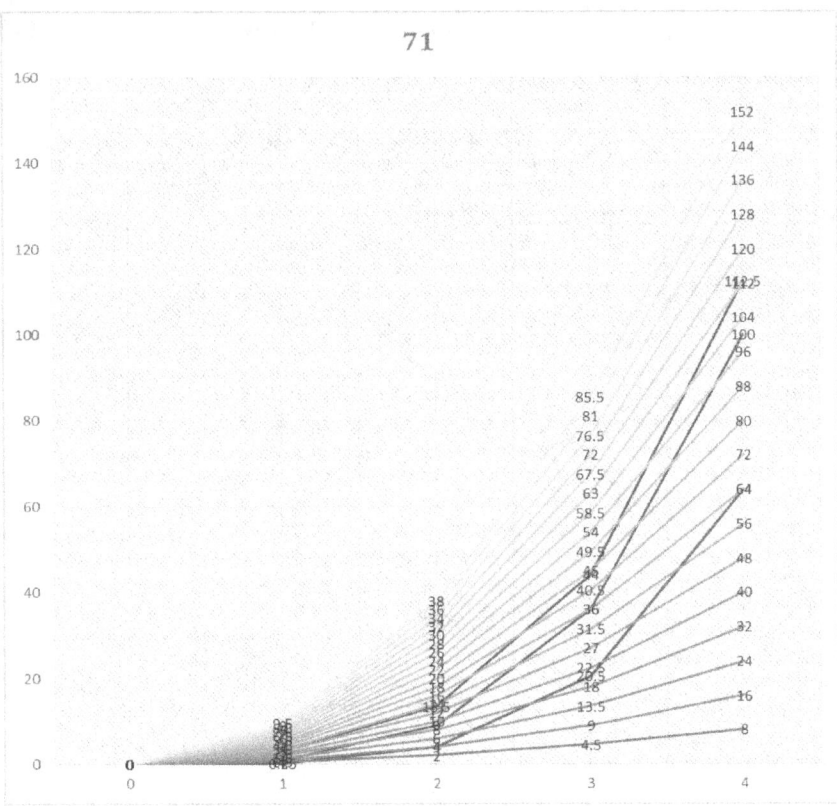

In figuur 71 word 'n groen eendimensionele werklikheid, twee blou kolletjies en een rooi kol getoon. Die twee bloues is in rus relatief tot mekaar, en beweeg met versnelling relatief tot die groen eendimensionele werklikheid. Die rooi kol beweeg met versnelling relatief tot die groen werklikheid, en dit beweeg eenvormig in 'n reguit lyn relatief tot die twee blou kolletjies.

18. POGING. VERSNELLING.

Die toename in dimensies van 'n multidimensionele, een oneindige werklikheid, vind plaas teen 'n steeds **toenemende versnelling**.

Voortdurende **toenemende versnelling word versnelling** genoem.

In die Een Oneindige Realiteit is daar verskynsels wat bewys is van die Beginsel van Eensaamheid.

Die eerste bewys is:

Die grense van die waarneembare heelal beweeg weg van die middelpunt van die waarneembare heelal met veranderlike versnelling.

Dit beteken dat die versnelling van die grens relatief tot die middelpunt voortdurend op 'n ander manier toeneem. Die wette van inkrementele verandering is anders, en die wette verander voortdurend. Dit is die hoër afgeleides van die pad van tyd. Die hoeveelheid hoër afgeleides is oneindig groot.

Die middelpunt van die waarneembare heelal is die planeet Aarde.

Definisie:

Die grens van die waarneembare heelal is 'n oneindige aantal **plekke** wat wegbeweeg van planeet Aarde met 'n **waarneembare relatiewe snelheid** gelykstaande aan die spoed van lig.

Sien Figuur 72.

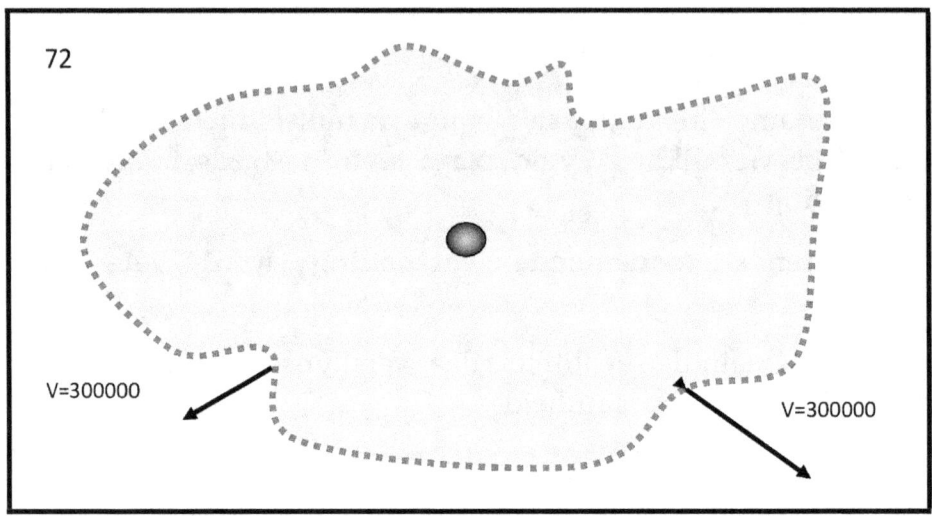

In Figuur 72 word planeet Aarde, die waarneembare heelal en die grense van die waarneembare heelal getoon. Planeet Aarde is die klein sfeer in die middel van die figuur. Planeet Aarde is die middelpunt van die waarneembare heelal. Die waarneembare heelal is ligblou gekleur. Die grens van die waarneembare heelal word deur die rooi stippellyn aangedui. Die rooi lyn bestaan uit klein rooi blokkies. Die klein rooi blokkies is **plekke** in die waarneembare heelal. **Plekke** is **hele dele** wat aan **die hele** waarneembare heelal behoort. Die konsep van **plek** vervang die konsep van punt. Ek gebruik doelbewus nie die term punt nie. Die konsep van 'n punt is 'n wiskundige abstraksie. Daar is geen punte in die waarneembare heelal nie. Wanneer ek die konsep van **plek gebruik**, plaas ek betekenis en inhoud wat Newton gebruik het in "Wiskundige Beginsels van Fisika."

Die oneindige aantal **plekke** wat die grense van die bekende heelal definieer voldoen aan 'n enkele, nodige en voldoende voorwaarde:

Hulle beweeg weg van die middelpunt van die waarneembare heelal met **'n waarneembare relatiewe spoed**, wat gelyk is aan die spoed van lig, naamlik driehonderdduisend kilometer per sekonde. Die verskynsel **van waarneembare relatiewe snelheid** word slegs gebruik en slegs as 'n voorwaarde vir die bepaling van die limiet van die " **waarneembare**" Heelal. Fisiese voorwerpe wat wegbeweeg teen spoed wat groter is as die spoed van lig, kan nie waargeneem word met behulp van elektromagnetiese golwe wat in die waarneembare optiese reeks lig is nie. Die ware, absolute beweging van die grens word met versnelling gedoen. In absolute beweging met versnelling is daar 'n oomblik wanneer die relatiewe waarneembare spoed van die fisiese voorwerp, relatief tot die middelpunt, gelyk is aan die spoed van lig. Op hierdie punt is hierdie fisiese voorwerp aan die rand van die waarneembare heelal. Hierdie toestand is 'n tradisie in die wetenskap van Fisika.

Die grens van **die waarneembare** heelal is nie 'n sfeer nie. Die grens wat in die figuur getoon word, is nie 'n sirkel nie, en is nie die ware grens van die waarneembare heelal nie. Dit is 'n moontlike voorbeeld.

Die tweede bewys is:

Op verskillende punte op die grens van die waarneembare heelal  **sal die versnelling verskillend wees** .

Sien figuur 73.

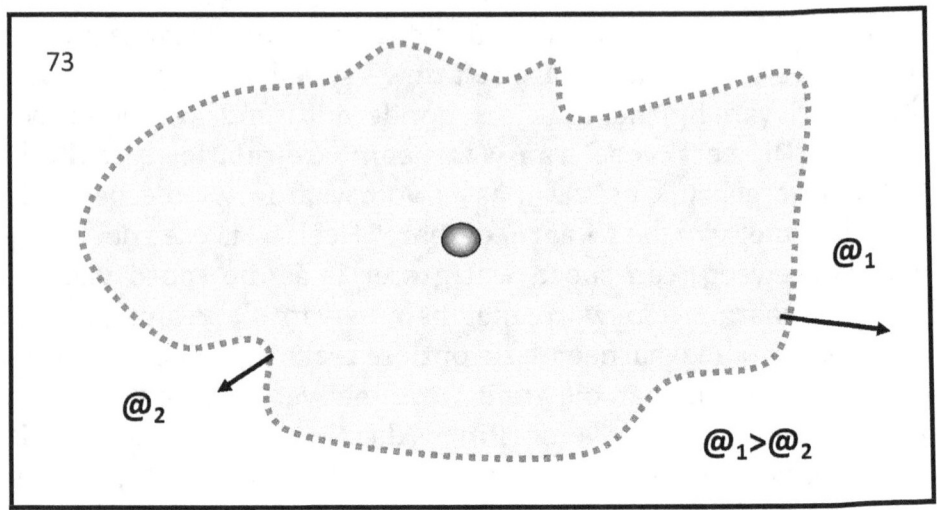

Figuur 73 toon verskillende versnelling by die grens van waarneembare werklikheid. Die grootte van die versnelling is relatief tot die middelpunt van die waarneembare heelal. Die middelpunt van die waarneembare heelal is die planeet Aarde.

Die derde bewys is:

'n Staaf met 'n lengte gelyk aan die deursnee van die planeet Aarde sal aan albei kante versnel met 'n versnelling van nege keer agt meter per sekonde kwadraat, relatief tot sy middelpunt.

Onder hierdie toestand sal die planeet Aarde en die staaf in 'n toestand van relatiewe rus wees.

Sien Figuur 74.

EINSTEIN SE DERDE FOUT

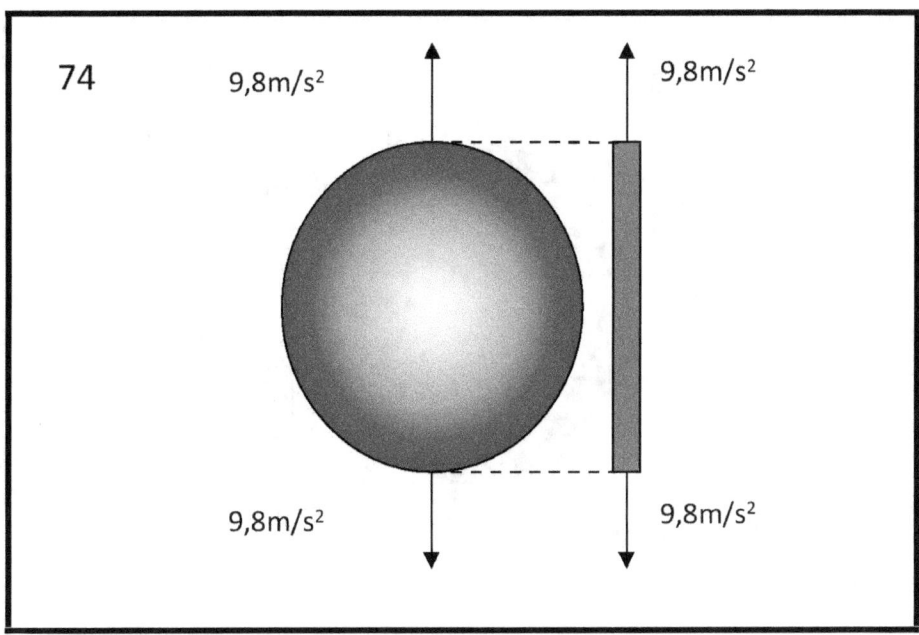

74

In figuur 74 word die planeet Aarde getoon, en 'n stok. Die lengte van die staaf is gelyk aan die lengte van die deursnee van die planeet Aarde. Die twee punte van die staaf beweeg met wortel relatief tot die middel van die staaf. Die versnelling is gelyk aan nege hele agt meter per sekonde kwadraat.

Die vierde bewys is:

Die temperatuur in die middel van die staaf sal hoër wees as die temperatuur aan weerskante van die staaf.

Die stok sal in die middel warm word.

Sien Figuur 75.

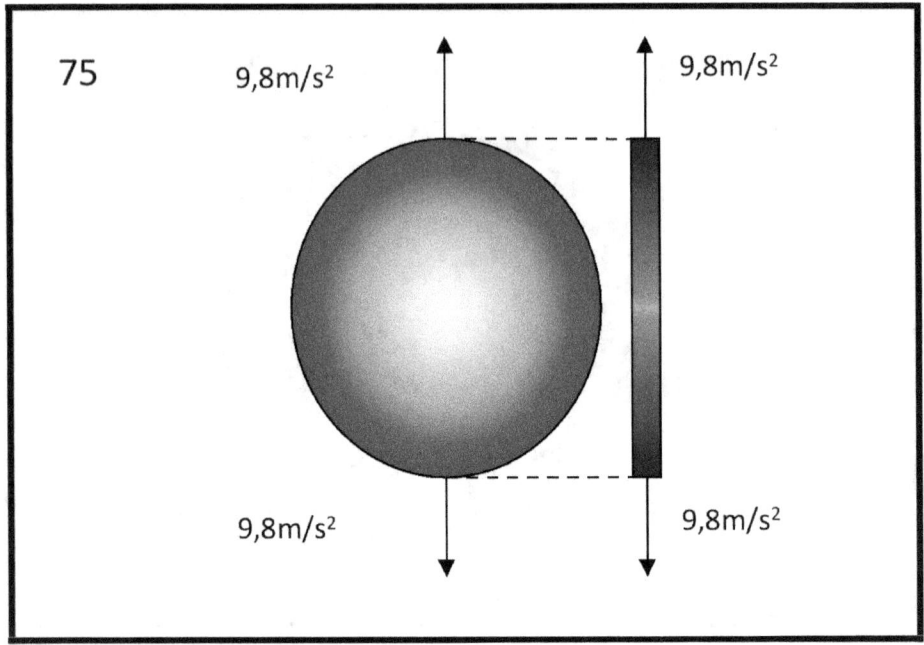

Figuur 75 toon die planeet Aarde en 'n stok. Die lengte van die staaf is gelyk aan die lengte van die deursnee van die planeet Aarde. Die middel van die stok is rooi omdat die temperatuur hoog is.

19. INSPANNINGSVELD. ALGEMENE FUNDAMENTELE WESE VAN DIE EEN ONEINDIGE REALITEIT.

In die fundamentele wette van die wetenskap van Fisika definieer ek twee onderling verwante groothede, naamlik – **versnelling** en **inspanning**.

Die versnelling $@$, - is gelyk aan die hoër afgeleides van die pad en tyd, wat groter as of gelyk aan drie is.

$$@ = \frac{x}{t^n} \quad \text{......waar:} \quad n \geq 3$$

Die inspanning Φ is gelyk aan die produk van die massa van die liggaam m en die versnelling $@$.

$$\Phi = m.@$$

Die brief Φ is van die Slawies-Bulgaarse alfabet - Cyrillies.

In die veld van inspanning vind die universele interaksie tussen die hele dele van die hele Een Oneindige Werklikheid plaas.

Dit is die enigste universele verband tussen die oneindige veelheid van enkele heel dinge wat slegs op hierdie wyse die inhoud vorm van die verskynsel van **die hele Een Oneindige Werklikheid**. Die verskynsel van **die hele Een Oneindige Realiteit** is moontlik weerspieëlbaar, deur en in 'n toestand van voortdurend veranderende **versnelling**

alle Een Oneindige Realiteit manifesteer

'n Immer veranderende versnelling, dit verskyn tussen die diskontinuïteite van **die hele Een Oneindige Realiteit**.

'n Gedurig veranderende versnelling is die oorsaak van die voorkoms van 'n oneindige **hoeveelheid** van 'n bepaalde **kwaliteit**, en 'n oneindige **hoeveelheid** verskillende **kwaliteite**.

Die krag is gelyk aan die produk van die massa van die hele ding en sy versnelling.

$$\Phi = m \cdot @$$

Waar:

Met die letter m merk ons die massa van die hele ding.

Met die letter Φ van die Slawies-Bulgaarse Cyrilliese alfabet merk ons **inspanning**, en met hierdie konsep dui ons **'n fundamentele fisiese hoeveelheid aan** wat gelyk is aan die produk van die massa van die hele ding en die versnelling.

Met die teken $@$ merk ons *versnelling* en met hierdie konsep dui ons **'n fundamentele fisiese grootheid aan** wat gelyk is aan of groter is as die derde afgeleide van die pad van tyd.

$$@ = \frac{x}{t^n} \ldots \ldots n \geq 3$$

Wat die historiese voorkoms daarvan betref, tel die wet van inspanning, en sy verhouding tot versnelling, onder die top drie wette van klassieke fundamentele fisika. Dus, die basiese wette van fisika is nou vier.

In terme van sy fundamentaliteit en universaliteit, omvat die wet van inspanning Newton se eerste drie wette.

Dit gee rede om dit die "nulste" wet van die wetenskap van Fisika te noem.

Die redes kom daarop neer dat Newton se wette 'n kwantitatiewe kraginteraksie tussen liggame met 'n spesifieke massa definieer, wanneer **en slegs wanneer** die **krag reeds gemanifesteer is en 'n spesifieke waarde het**.

In die boek "Mathematical Principles of Physics", gebruik Newton heel doelbewus gereeld die terminologie "... **werking van 'n toegepaste krag** ...".

Newton se diep idee is dat hierdie krag verskyn het en reeds bestaan, en toegepas kan word, en optree wanneer dit toegepas word.

Mens kan beswaar maak dat Newton se eerste wet nie na onderlinge kraginteraksie verwys nie. As ons die manier waarop dit gedefinieer word noukeurig ontleed, sal ons tot die gevolgtrekking kom dat dit nie waar is nie.

Die wet bepaal:

"'n Liggaam is in 'n toestand van rus, of eenvormige reglynige beweging, wanneer geen krag daarop toegepas word nie."

Die wet kan soos volg gestel word:

"'n Liggaam is in 'n toestand van rus, of eenvormige

reglynige beweging, wanneer dit aangewend word deur 'n krag gelyk aan nul."

Sommige lesers kan beswaar maak dat dit geen sin maak om van 'n krag gelyk aan nul te praat nie, want dit beteken geen krag word hoegenaamd toegepas nie. My antwoord is dat dit moontlik is om kragte toe te pas wat gelyk in grootte en teenoorgestelde in rigting is, en dan is die resultaat van die aksie nul.

Daarom is die traagheidsbeweging of die toestand van relatiewe rus van enige spesifieke ding slegs moontlik wanneer die som van die kragte wat op hierdie liggaam inwerk gelyk aan nul is.

Met ander woorde, vanuit 'n filosofiese oogpunt dui die konsepte van rus en beweging objektiewe verskynsels aan wat nou verband hou met die resultaat van die werking van sekere spesifieke kragte.

Dit volg dat die beginpunt, of beginposisie, vir die bepaling van die verskynsel van rus en die verskynsel van eenvormige reglynige beweging **die gemanifesteerde** dwing aksie. Dit is geen toeval dat Newton die konsep van "aksie van 'n toegepaste krag" gebruik het nie.

Newton se tweede wet dui direk die grootte van 'n werkende krag aan, uitgedruk as die produk van die voorwerp se massa en sy versnelling.

Die wet is soos volg aangeteken:

$$F = m.a$$

In Latyn lees die wet soos volg:

> „Mutationem motus proportionalem esse vi motrici impressae et fieri secundum lineam rectam qua visilia imprimitur".

Van Slawiese Bulgaars Cyrillies, via elektroniese vertaler:

"**Die verandering in die hoeveelheid beweging is eweredig aan die toegepaste dryfkrag en word uitgevoer volgens die reg waarop hierdie krag inwerk.**"

Dit kan uitgedruk word as:

Wanneer 'n m toegepaste dryfkrag op 'n liggaam met massa inwerk F, is dit in 'n toestand van beweging met konstante versnelling a.

Dit is nie nodig om 'n ontleding te maak om te sien dat die wet die hoeveelheid krag aandui wanneer dit **reeds gemanifesteer het** en van een of ander konstante konkrete waarde is nie.

Newton se derde wet geskryf in Latyn:

> „Actioni contrariam semper et aequalem esse reactionem: sive corporum duorum actiones in se mutuo semper esse aequales et in partes contrarias dirigi"

Van Slawiese Bulgaars Cyrillies, via elektroniese vertaler:

"Die aksie is altyd gelyk en teenoorgesteld aan die teenaksie, met ander woorde, die interaksies van twee liggame, een op die ander, tussen mekaar, is gelyk en in teenoorgestelde rigtings gerig."

So gesê, dit wys dat wanneer 'n liggaam deur 'n krag van 'n ander liggaam ingewerk word, dan reageer die liggaam met 'n krag wat ewe groot en teenoorgestelde in rigting is.

In hierdie geval merk ons weer op dat dit in Newton se derde wet weer 'n kwessie is van 'n krag wat reeds **gemanifesteer het** en **werk reeds** met 'n bepaalde konstante grootte.

Ons vra net een, maar uiters belangrike vraag:

Hoe **verskyn dit?** die werking van die krag F ?

Ons antwoord, wat 'n resultaat is van die pogingsveldhipotese wat geskep is, is:

Die hoeveelheid interaksie tussen dinge verskyn in 'n veld van poging.

Sien Figuur 76.

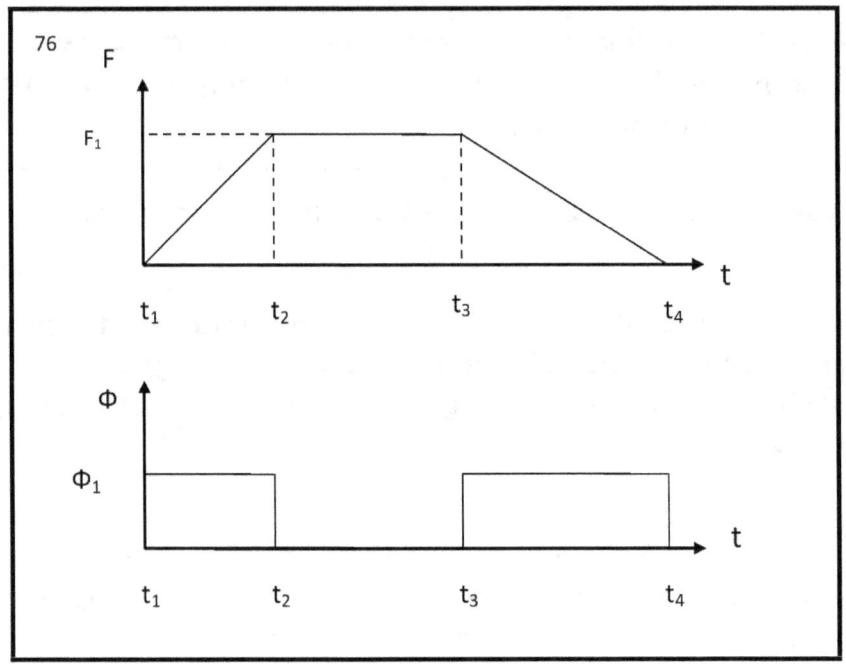

In figuur 74 word getoon hoe, in die tydinterval $t_2 - t_1$, die krag verskyn F, en hoe dit van nul tot een of ander waarde toeneem F_1, sien die bogenoemde koördinaatstelsel.

In dieselfde tydinterval $t_2 - t_1$ word die

verskynsel van konstante werkende krag waargeneem Φ_1, wat op die onderste koördinaatstelsel getoon word.

In die tydinterval $t_4 - t_3$ neem die krag af van een of ander waarde F_1, na nul (boonste grafiek) en verskyn weer as 'n konstante werkende krag van grootte Φ_1, wat op die tweede (onderste) koördinaatstelsel getoon word.

Weereens moet ons beklemtoon dat die oorwegings wat op hierdie manier uitgedruk word, ons 'n rede gee om die wet van inspanning te verklaar $$\Phi = m.@$$ as die "nul" wet van Fisika, wat Newton se wette voorafgaan.

As 'n wet wat funksioneer in die absolute fondament van **alles Een Oneindige Realiteit** .

As 'n wet is dit die rede vir die verskyning van Newton se eerste drie wette.

veld van poging omskryf.

As 'n wet wat die deur oopmaak waaragter die skepping van 'n algemene veldteorie moontlik is.

Hierdie wet is in wese 'n inleiding tot ALGEMENE

VELDTEORIE.

Die term " **veld van inspanning"** dien om 'n verskynsel aan te dui wat regdeur **die Een Oneindige Realiteit bestaan,** waarvan die essensie 'n universele fundamentele karakter het.

Dit is moontlik dat hierdie fundamentele, nog fisies onverklaarde en onduidelike veld, die basis en sleutel kan wees tot die diep geheime van die Absolute Beweging en sy verskynende entiteite in die rigting van Ruimte, Tyd en die manier waarop hulle is. gekonstrueer en bestaan in die werklike dinge van die Natuur.

In suiwer praktiese terme, sou tegnologiese bemeestering van **die veld van inspanning** die mensdom voorsien van onbeperkte inligtingsvryheid om absoluut gelyktydig met **die hele One Infinite Reality** en sy samestellende **dele te kommunikeer.**

As hierdie taak van tegnologiese bemeestering van verre aksie egter die mees onbereikbare droom blyk te wees, dan sal die mensdom vir ewig gevange bly aan die beperkings wat Tyd, Ruimte en Beweging aan hom opgelê het.

Optimisme inspireer die moderne ontwikkeling van die filosofies-fisiese werklikheidsopvatting, wat hoop gee dat dit nie sal gebeur nie.

Hierdie twee nuwe hoeveelhede - **inspanning en versnelling** , en die verhouding tussen hulle stel ons in staat om die inhoud van 'n paar fundamentele kategorieë van fisika te vernuwe.

Byvoorbeeld:

Krag, gedefinieer deur Newton se tweede wet F, het 'n gereelde verhouding met relatiewe interaksie en die kwantitatiewe wese daarvan.

Die poging Φ spreek die hoeveelheid absolute interaksie uit.

Swaar massa – die hoeveelheid breuke in die kontinuum.

Die traagheidsmassa – die kontinuïteit van berging van die skakel tussen breuke.

Hierdie vrae, sowel as 'n paar hoër afgeleides van die tydpad, behoort egter die onderwerp van 'n aparte wetenskaplike ontleding te wees.

20. NEWTON, SWAARTEKRAG EN INSPANNINGSVELD .

Die beginsel van eenvormigheid toon dat 'n gravitasie-aantrekkingskrag, soos voorgestel deur Newton, nie bestaan nie. Wat Newton die krag van gravitasie-aantrekking genoem het, is beweging met versnelling. Die son en die planete van die sonnestelsel vergroot hul radiusse teen verskillende tempo's. Die toename van die radiusse met verskillende versnelling word gedoen relatief tot die middel van die spesifieke planeet en die middel van die Son.

Die sonnestelsel vergroot sy radius met versnelling. Die versnelling van die omtrek van die sonnestelsel is relatief tot die middelpunt van die sonnestelsel. Die middelpunt van die sonnestelsel val saam met die middel van die Son.

Newton se wet van gravitasie-aantrekking geld binne die grense van die sonnestelsel. Maar wat Newton gravitasie-aantrekking genoem het, is 'n beweging van stoot, stoot, met versnelling.

Die stootbeweging, stoot met versnelling, vind plaas en vind plaas in die veld van inspanning. Versnelling vind plaas , wat die rede is vir die verskyning van 'n stootkrag. Die grootte van die stootkrag binne die grense van die sonnestelsel word bereken deur die wet van gravitasie-aantrekkingskrag wat deur Newton gestel word. Elders in die Een Oneindige Realiteit sal die grootte van die afstootkrag verskil van die afstootkrag wat binne die grense van die sonnestelsel werk. Dit beteken dat Newton se swaartekragwet anders sal wees.

Die hoeveelheid "Newton se ander wette" in die Een Oneindige Realiteit is oneindig groot.

Die stootkrag kom in die veld van inspanning voor en hang af van die wet waarvolgens die versnelling verander.

In die Een Oneindige Realiteit is die aantal moontlike wette waardeur versnelling verander word oneindig groot.

21 TYD

In die Een Oneindige Werklikheid bestaan die Verskynsel van Tyd. Die kern van die Tydverskynsel is beweging met toenemende versnelling.

'n Fundamentele eienskap van die Tydverskynsel is integrale onomkeerbaarheid.

www.ingramcontent.com/pod-product-compliance
Lightning Source LLC
Chambersburg PA
CBHW050002230526
45465CB00003BB/1223